电子技术基础实验与实训教程

模拟电子技术·数字电子技术

主　编　王　英

副主编　曹保江　喻　劼　余　嘉

参　编　陈曾川　曾欣荣　谢美俊

　　　　何圣仲　甘　萍　李冀昆

西南交通大学出版社

·成　都·

内容简介

本教材为《电子技术基础简明教程》配套的实践教材，其实践项目难易程度适中，内容覆盖了不同层次、不同专业的教学要求，可灵活组合教学项目。项目分两部分设立，即"模拟电子技术基础项目（11个项目）"和"数字电子技术基础项目（16个项目）"；项目体系分三种模块，即技术基础型项目模块、综合应用型项目模块和实践提高型项目模块；可采用三种实施方式，即装置、仿真或焊接等，全方位地培养学生工程实践能力。

本教材可作为高等工科院校大学本科、职业专科等各专业"电子技术基础"课程的实验与实训教材；可作为各电气、电子专业的电子技术参考教材；也可作为职业大学、成人教育大学和网络教育等各专业的实验与实训教材；还可作为电子工程技术员的参考资料。

图书在版编目（CIP）数据

电子技术基础实验与实训教程：模拟电子技术·数字电子技术／王英主编. 一成都：西南交通大学出版社，2019.1

ISBN 978-7-5643-6746-6

Ⅰ. ①电… Ⅱ. ①王… Ⅲ. ①电子技术 – 实验 – 高等学校 – 教材 Ⅳ. ①TN-33

中国版本图书馆 CIP 数据核字（2019）第 021339 号

电子技术基础实验与实训教程 模拟电子技术·数字电子技术	主编　王英	责任编辑　李芳芳 特邀编辑　李　娟 封面设计　何东琳设计工作室

印张：12.25　　字数：306 千

成品尺寸：185 mm×260 mm

版次：2019 年 1 月第 1 版

印次：2019 年 1 月第 1 次

印刷：四川煤田地质制图印刷厂

书号：ISBN 978-7-5643-6746-6

出版发行：西南交通大学出版社

网址：http://www.xnjdcbs.com

地址：四川省成都市二环路北一段111号
西南交通大学创新大厦21楼

邮政编码：610031

发行部电话：028-87600564　028-87600533

定价：35.00元

前　言

随着新技术时代的到来，电子技术渗透到各个领域，成为工科类各专业所要求了解或掌握的知识。电子技术属于应用型学科，是一门理论与实践结合性很强的课程。学生不仅要掌握理论知识，还要通过实验与实训，努力提高自身的电子工程能力。

《电子技术基础实验与实训》教材正是电子技术理论与电子工程实践能力之间的桥梁，引导学生一步步成长，启发学生从实践中成长为具有时代特色的电子工程师。

本教材是《电子技术基础简明教程》的配套实践教材，将理论和应用以实践项目的方式展开，在加强理论知识理解的同时，提高工程实践能力，反过来，又将实践性很强的内容，直接转化为实践项目，形成了三种项目模块的教材体系，即以认识规律为导向，理论与实践相结合的技术基础型项目模块；以综合能力提高为导向，理论知识综合应用型项目模块；以工程实践方式为导向，在实际操作中提高理论与技能的实践提高型项目模块。项目的实施可采用装置、仿真或焊接三种不同方式，全方位地培养学生工程实践能力。

本教材包含"模拟电子技术"和"数字电子技术"两部分的实验与实训，用 5 个章节展开论述。第 1 章是"电子技术实验实训的基础知识"，重点介绍电子技术实验实训的基础知识、测量方法及操作的安全规则。第 2 章是"模拟电子技术基础项目"，主要围绕电子元器件基本特性和应用展开，重点掌握特性和参数的测试以及基本应用模块电路的调试与测量；另外，"RC 正弦波振荡电路""方波-三角波-函数发生电路"等，则是以工程实践方式为导向的项目。第 3 章是"数字电子技术基础项目"，主要围绕逻辑电路的分析、设计及应用展开，重点掌握组合电路和时序电路的基本应用和逻辑分析，掌握逻辑电路的基本调试方法；另外，"双向移位寄存器""分频器""555 集成定时器及其应用"等，则是以工程实践方式为导向的项目。第 4 章是"焊接技术简介"，重点介绍"焊接的基本知识"和"手工锡焊技术"。第 5 章是"附录"，重点介绍电子器件型号命名方法、使用规则、常见故障排除方法、集成器件和 EE2010电子综合实践装置的使用等，为实践提供辅助资料和装置平台。

本教材由西南交通大学王英任主编，曹保江、喻劼、余嘉等任副主编，陈曾川、曾欣荣、谢美俊、何圣仲、甘萍、李冀昆等参编。在教材编写过程中，参考了众多优秀教材，受益匪浅，另外，很多前辈和同行也给予了大量的支持，在此编者表示衷心的感谢。

由于编者水平有限，书中难免存在不妥之处，恳请广大读者批评指正。

编者　王英

2019 年 1 月

目　录

第 1 章　电子技术实验实训的基础知识

1.1　电子技术实验实训的目的和要求

1.1.1　基本目的

电子技术是高等工科学校各专业的一门技术基础课程。在电子技术日新月异、不断渗透到其他学科领域的形势下，为培养卓越的工程技术人才，电子技术实验实训的学习显得尤为重要。

电子技术是一门工程实践性很强的课程。在实验实训中，应加强工程意识的训练，注重实践技能的培养，包括：掌握电子器件性能指标的测试方法；掌握电子电路的分析与设计方法；掌握电子电路的组装、调试和故障的排除方法；掌握仿真软件的应用与技能；迅速拓展、巩固和加深电子电路技术的理论知识及实践能力等。

对于《电子技术实验与实训教程》的内容，如果按理论课程分类，可分为"模拟电子技术实验实训"和"数字电子技术实验实训"两部分；如果按实践项目的性质分类，可分为基础型、综合型和设计型三大类；如果按电子系统来理解，则系统中常常会同时含有模拟电子电路和数字电子电路，即教材是将电子系统中的问题，分成各种模块项目进行实践实训。

1.1.2　基本要求

实验实训项目的完成，一般可分为三个阶段，如图 1.1.1 所示。

预习阶段：预习项目的理论基础知识；预习电路图及要求；预习实训装置及仪器仪表；撰写预习报告。

实施阶段：在确保安全操作的条件下，按照项目技术要求、电子电路图等进行操作、调试、观测。

报告阶段：整理操作过程、实训线路、故障排除等，进行数据分析与论述。

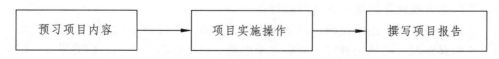

图 1.1.1　电子技术实验实训的项目实施过程框图

1. 预习报告

"预习报告"是项目操作前对每一个学生提出的要求。在写预习报告过程中，应思考以下几个问题：

（1）这次做什么项目？

（2）项目的目的是什么？

（3）项目的基本原理、电子电路图和要求是什么？

（4）怎么才能准确无误地实施操作、完成项目？

（5）如何操作使用装置、仪器、仪表？

尽量做到在准确无误地完成项目的同时，从中获得最大的知识量和得到技术能力的提高。

2．项目实施过程

项目不仅仅是知识的载体，还是学习掌握工程技能的平台，还是科学与研究能力培养的起源地。从简单的基本型实验实训开始，观测电子器件的非线性伏安特性、逻辑元件的功能状态，到分析、设计组合逻辑电路、时序逻辑电路，掌握电子电路的故障诊断、分析和处理方法，从而提高电子技术工程能力。因此，在项目实施过程中，要求必须做到：

（1）准时进入实训室，遵守实训室的规章制度，在规定的时间内完成项目，项目结束后整理好所有的装置和设备等。

（2）掌握电子器件和集成芯片的管脚识别方法；掌握二极管、三极管和场效应管的输入特性或传输特性、输出特性；掌握逻辑部件的逻辑功能。

（3）严格按照科学的操作方法进行正确接线和布线。即接线该长则长，该短则短，达到接线清楚、容易检查、操作方便的目的。

（4）掌握电子电路图的基本原理，耐心分析故障原因，排除故障。

（5）认真操作，细心观察，准确记录。

3．项目报告

报告是整个项目中一个重要的学习环节，是每一个工程技术人员必须经历的一项基本训练，一份优秀的项目报告能反映出实践的科学水平，也是反映学生能力的最好答卷。因此，须按项目要求认真撰写报告。

1.2　操作规则

为了在实践中培养学生严谨的科学作风，确保人身和设备的安全，顺利完成实践任务，特制定以下操作规则：

（1）严禁带电接线、拆线或改接线路操作。

（2）认真复查电子电路的接线，确信无误后，经指导教师检查同意，再接通电源。

（3）通电操作时，必须全神贯注观察电子电路、仪器仪表的变化，如有异常，应立即断电，检查故障原因。如发生事故，立即关断电源，保持现场，报告指导教师。

（4）确认测量数据或逻辑结果无误后，提交指导教师检查；经教师认可后，方可拆电子电路线路，整理好操作平台器材和导线。

（5）不能擅自搬动或调换操作平台上的装置、仪器、仪表、设备等。对于不会使用的仪器仪表、设备，不得贸然使用。若损坏仪器设备，必须立即报告指导教师，并做书面检查，责任事故要酌情赔偿。

（6）操作中要严肃认真，保持安静、整洁的实验学习环境。

1.3　电子技术实践中的测量方法

1.3.1　模拟电子技术参数的测量方法

1. 测量电压的方法

下面介绍两种测量电压的方法：直接测量法和示波器测量法（又称比较测量法）。

1）直接测量法

直接测量法是一种直接用电压表测量电压的方法。

在测量电压时，注意考虑电表的输入阻抗（或电阻）、仪表的量程、频率范围等。在仪表的量程选择上，尽量使被测电压的指示值（即电压值的大小）大于仪表满刻度量程的 2/3，减少仪表所产生的测量误差。

2）示波器测量法

示波器测量法是用示波器同时测量显示被测电压与已知电压，通过对被测电压信号与已知电压信号间的比较后，计算出被测电压值。所以，示波器测量法又称为比较测量法。

（1）直流电压的测量。

测量步骤如下：

- 设置被选用通道的输入耦合（AC-GND-DC）方式为"GND"。
- 扫描方式的选择（SWEEP MODE）为自动（AUTO）方式，屏幕上显示扫描光迹，即屏幕显示一条扫描基线。
- 调节垂直移位，使扫描基线移到示波器屏幕刻度的中心水平坐标上，并定义此时的电压值为零（即称为基准电压）。
- 将被测信号输入被选用的通道插座。
- 将输入耦合（AC-GND-DC）方式置为"DC"。
- 测量扫描线在垂直方向偏移基线的距离，扫描线向上移为正电压，下移为负电压。
- 按下式计算被测直流电压值：

直流电压值 U ＝垂直方向格数×Y 轴电压衰减指示值（VOLTS/DIV）×偏转方向（＋或 －）

例如：在图 1.3.1 中，测出扫描基线比原基线上移 3.5 格，如 Y 轴电压衰减指示值为 2 V/div，则被测直流电压 U 为

$$U = 3.5 \times 2 = 7 \ （V）$$

（2）交流电压的测量。

- 将示波器 X 轴扫描速度微调（VARIABLE）顺时针旋足，即置于"校准"位置。
- 将被测交流电压 $u(t)$ 信号从 Y 轴"CH1"输入，即垂直方式设置为"CH1"通道。
- 调整 X 轴扫描速度，使波形稳定，并使屏幕显示至少一个波形周期。

- 调整垂直移位（VERTICAL POSITION），使波形的底部在屏幕中某一水平坐标上。
- 调整水平移位（HORIZONTAL POSITION），使波形顶部在屏幕中央的垂直坐标上。
- 测量垂直方向波形峰-峰两点的格数。
- 按下面公式计算被测信号的电压峰-峰值 U_{P-P}：

$$U_{P-P} = 垂直方向峰-峰间的格数 \times Y 轴电压衰减指示值（VOLTS/DIV）$$

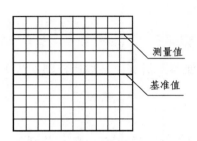 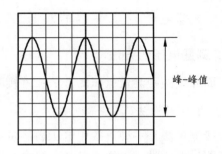

图 1.3.1　直流电压测量图　　　　　图 1.3.2　交流电压测量图

例如：在图 1.3.2 中，测出交流电压波形峰-峰两点的垂直格数为 6 格，如 Y 轴电压衰减指示值为 3 V/div，则被测交流电压 $u(t)$ 信号的电压峰-峰值 U_{P-P} 为

$$U_{P-P} = 6格 \times 3\,V/div = 18\,V$$

峰值电压（即最大值电压）U_m 为

$$U_m = 3格 \times 3\,V/div = 9\,V$$

有效值电压 U 为

$$U = \frac{U_m}{\sqrt{2}} = \frac{U_{P-P}}{2\sqrt{2}} \approx 6.36\,V$$

2. 阻抗的测量方法

在模拟电子电路中，阻抗参数值是描述系统的传输及变换的一个重要技术指标。特别是低频条件下模拟线性放大电路的输入电阻和输出电阻，是反映放大电路特性的重要参数。

根据电路理论中欧姆定律，可得

直流电路中的电阻为

$$R = \frac{U}{I}$$

正弦交流电路中阻抗为

$$Z = \frac{\dot{U}}{\dot{I}} = R + jX$$

即欧姆定律是测量阻抗的理论基础。

下面重点讨论模拟线性放大电路的输入电阻和输出电阻的测量方法。

1）放大电路输入电阻 r_i 的测量方法

测量输入电阻 r_i 的电路如图 1.3.3 所示，其中电阻 R 值为已知。

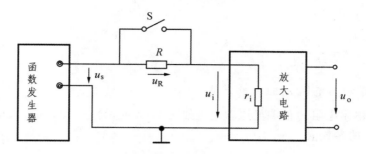

图 1.3.3　放大电路输入电阻 r_i 测量图

在测量放大电路输入电阻 r_i 前，我们要先估算一下输入电阻 r_i 的大小。当测量较低的输入电阻 r_i 时，用"输入换算法"测量；当测量较高的输入电阻 r_i 时，用"输出换算法"测量。

注意： 函数发生器输出的信号为低频小信号，保证放大电路工作在线性放大状态下，即用示波器观测输出波形是否失真，调节输入信号，确保放大电路输出波形不失真。

（1）输入换算法。

用仪器、仪表分别测量图 1.3.3 中的有效值电压 U_S、U_i，则根据欧姆定律，分析计算输入电阻 r_i 为

$$r_i = \frac{U_i}{\dfrac{U_S - U_i}{R}} = \frac{U_i}{U_S - U_i} \cdot R$$

（2）输出换算法。

选择电阻 R 值，其大小应尽量接近被测输入电阻 r_i 的值。

当图 1.3.3 中的开关 S 闭合时，用仪器仪表测量输出电压的有效值，即输出电压 $U_o = U_{o1}$。根据放大电路原理得

$$A_u = \frac{U_o}{U_i} = \frac{U_{o1}}{U_S} \tag{1.1}$$

当图 1.3.3 中的开关 S 打开时，用仪器、仪表测量输出电压的有效值，即输出电压 $U_o = U_{o2}$。则

$$A_u = \frac{U_o}{U_i} = \frac{U_{o2}}{U_i} \tag{1.2}$$

$$U_i = \frac{r_i}{R + r_i} U_S \tag{1.3}$$

将式（1.3）代入式（1.2），得

$$A_u = \frac{U_{o2}}{U_S} \cdot \left(1 + \frac{R}{r_i}\right) \tag{1.4}$$

由于式（1.1）等于式（1.4），则

$$\frac{U_{o1}}{U_S} = \frac{U_{o2}}{U_S} \cdot \left(1 + \frac{R}{r_i}\right) \tag{1.5}$$

所以输入电阻 r_i 为

$$r_i = \frac{U_{o2}}{U_{o1} - U_{o2}} \cdot R \qquad (1.6)$$

2）放大电路输出电阻 r_o 的测量方法

放大电路的输出电阻 r_o 的测量原理电路如图 1.3.4 所示，电阻 R_L 为放大电路的负载电阻，并且已知电阻 R_L 的参数值。

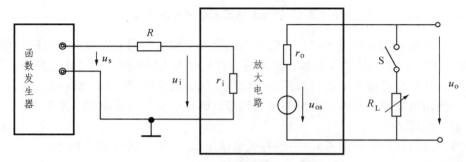

图 1.3.4　放大电路输出电阻 r_o 的测量图

在保持输入函数信号 u_S 不变的条件下，分别用仪器仪表测量开关 S 闭合时输出电压 U_{oL} 和开关 S 打开时输出电压 U_o，则通过换算得放大电路的输出电阻 r_o 为

$$r_o = \frac{U_{oS} - U_{oL}}{\dfrac{U_{oL}}{R_L}} = \frac{U_o - U_{oL}}{U_{oL}} \cdot R_L$$

1.3.2　数字电子技术的测量方法

数字电路的实践过程是对基本逻辑器件的功能特性进行了解和掌握的过程，是检验、修正设计方案的探索过程，是理论知识的应用过程，是电子工程师们掌握基本技能的过程。而数字电路的测试方法、分析技能则是数字电子电路正常工作的基本保证。

数字电路技术测量方法主要分为集成电路器件功能测试和数字逻辑电路的逻辑测试。

1. 数字集成电路器件功能测试方法

在接数字电路的线路之前，检测数字集成器件的逻辑功能，避免线路因器件原因发生电路故障，增加故障分析判断的难度。常用测试器件功能的方法有三种：

1）仪器测试法

仪器测试法是通过一些数字集成电路测试仪，对数字集成电路器件功能进行检测的方法。

2）实验测试法

根据已知数字集成电路器件的功能，设计一个能直接反映其功能的测试电路，通过实验电子电路是否能完成其器件的逻辑功能，判断器件的功能是否正常。

3）替代测试法

先用一个已知功能正常的同型号器件连接一个数字应用电路，再用被测器件去替代这个正常工作的相同型号器件，从而判断器件功能是否正常。

2. 数字电路的分析测试方法

数字电路的测试方法有多种，用不同的仪器仪表，其测试方法略有不同。但基本上都是通过测试数字电路的逻辑结果，并加以分析，从而得出数字电路的逻辑关系和时序波形图。常用的测试仪器主要是示波器、逻辑分析仪等。

1.4　安全用电

安全用电是始终需要注意的重要问题。为了人身安全和仪器、仪表、设备等装置的完好，在电子技术操作中，必须严格遵守下列安全用电规则：

1. 断电操作

接线、改线、拆线都必须在切断电源的情况下进行，即先接线后通电，先断电再检查线路故障、改接线路、拆线等。

2. 绝缘测量

在电路通电情况下，人体严禁接触电路中不绝缘的金属导线或连接点等带电部位。万一遇到触电事故，应立即切断电源，进行必要的处理。

3. 集中注意力

在整个实践操作过程中，特别是设备刚通电运行时，要随时注意仪器、仪表、设备等实验装置的运行情况，如发现有过载、超量程、过热、异味、异声、冒烟、火花等，应立即断电，并请老师检查处理。严禁在操作过程中玩弄其他电子产品。

4. 额定值工作

了解有关电子器件的规格、技术指标及功能，严格按额定值使用。

5. 肃静操作

实验实训中应做到：严肃认真、保持安静、环境整洁。

第 2 章 模拟电子技术基础项目

2.1 基本的单相桥式整流、滤波、稳压电路

2.1.1 实验目的

（1）掌握测量电解电容器极性的方法。
（2）掌握基本的单相桥式整流、滤波、稳压电路的工作原理。
（3）掌握示波器观测电路的输出波形及调试过程。
（4）了解电路各元件参数对电路输出波形的影响。

2.1.2 项目原理

任何电子设备都需要用直流电源供电，直流稳压电源是将交流电压转换成稳定的直流电压的电子设备，它的种类有很多，一般的直流电源电路的组成如图 2.1.1 所示。

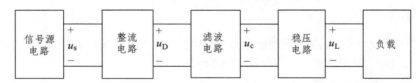

图 2.1.1 基本的单相桥式整流、滤波、稳压电路框图

1. 信号源电路

信号源电路的主要功能是利用变压器的工作原理，将电网的交流电压降压变换成所需的小信号交流电压 u_S，即为整流电路提供合适的正弦交流电压信号 u_S。如图 2.1.2（a）所示。在实验中，用函数发生器生成正弦交流电压信号 u_S。

2. 整流电路

整流电路如图 2.1.3（a）所示，其电路是利用二极管的单相导电性，将信号源电路所提供的交流电压变换成单相脉动输出电压 u_D，如图 2.1.2（b）所示。整流电路电压电流的平均值计算式如下：

（1）负载 R_L 上的平均电压值为

$$U_L \approx 0.9U_S$$

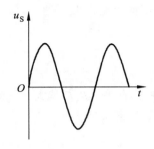

（a）信号源输出波形

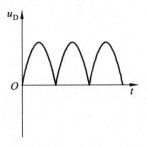

（b）整流电路输出波形

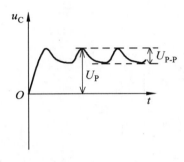

（c）滤波电路输出波形

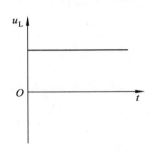

（d）稳压电路输出波形

图 2.1.2　单相桥式整流、滤波、稳压电路波形分析图

（2）每个二极管截止时所承受的最高反向电压就是电源电压的最大值，即

$$U_{\text{DRM}} = \sqrt{2}U_{\text{S}}$$

一般，为了保证整流二极管不被击穿，整流二极管的最大反向峰值电压取 $2\sqrt{2}U_{\text{S}}$。

（3）每个二极管中流过的平均电流为

$$I_{\text{D}} = \frac{I_{\text{L}}}{2} = 0.45\frac{U_{\text{S}}}{R_{\text{L}}}$$

（4）桥式整流电路输出电压 u_{D} 的脉动频率 f_0 为交流电源频率 f（$f = 50\ \text{Hz}$）的 2 倍，也等于交流电源周期 T 倒数的 2 倍，如图 2.1.2（b）所示，即

$$f_0 = 2f = \frac{2}{T}$$

3．滤波电路

单相桥式整流、滤波电路如图 2.1.3（b）所示，其电路是利用电容 C 的存储特性，将整流电路输出的脉动电压中的交流成分滤掉，使滤波电路的输出电压较为平滑，如图 2.1.2（c）所示。电容滤波电路的特点及平均值计算式如下：

（1）负载 R_{L} 上输出的电压 u_{L} 脉动减小，电压平均值 U_{L} 提高，其估算式为

$$U_{\text{L}} = (1.1 \sim 1.2)U_{\text{S}}$$

在实验中，整流滤波电路的平均直流输出电压 U_L 可用输出电压的峰值 U_P 减去脉动电压峰-峰值 $U_{P\text{-}P}$ 的一半来计算，即

$$U_L = U_P - \frac{U_{P\text{-}P}}{2}$$

（2）输出电压的脉动程度与电容器的放电时间常数 $R_L C$ 有关。$R_L C$ 越大，脉动就越小，负载电压平均值 U_L 越高。为了使输出电压脉动程度小些，一般要求

$$R_L C \geqslant (3 \sim 5)\frac{T}{2}$$

上式中，T 是交流电源电压的周期。

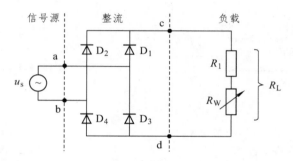

（a）单相桥式整流电路图

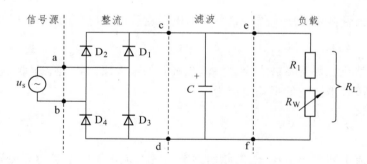

（b）单相桥式整流、滤波电路图

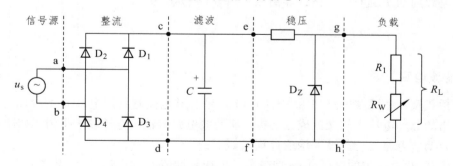

（c）基本的单相桥式整流、滤波、稳压电路图

图 2.1.3　实验电路图

（3）二极管导通时间缩短，导通角小于 180°；滤波电容 C 开始充电时，流过二极管的电流幅值增加而形成较大的冲击电流。为了避免瞬间充电电流过大而烧坏管子，滤波电容不能无限制地加大。

（4）由于在一周期内电容器 C 的充电电荷等于放电电荷，即通过电容器 C 的电流平均值为零，可见在二极管导通期间其电流平均值近似等于负载电流的平均值。为了使二极管不因冲击电流而损坏，在选用二极管时，一般取额定正向平均电流为实际流进的平均电流的 2 倍左右。

（5）输出电压平均值 U_L 受负载 R_L 的影响较大。此电路带载能力较差，通常用于输出电压较高、负载电流较小且变化较小的场合。

4．稳压电路

稳压电路可自动调整稳定输出直流电压［简单的稳压电路如图 2.1.3（c）所示］，使输出电压或负载电流发生变化时保持稳定。其输出波形如图 2.1.2（d）所示。

稳压电路的种类有很多，由简单到复杂，其技术指标和电子电路差别很大。一般当负载要求功率较大、效率高时，常采用开关式稳压电源。

2.1.3　预习内容

（1）预习实验内容，明确实验目的，掌握图 2.1.3 所示各电子电路的波形测量方法。
（2）预习单相桥式整流、滤波、稳压电路的工作原理。
（3）预习滤波电容 C 大小的变化对输出脉动电压 u_D 的影响。
（4）预习负载电阻 R_L 大小的变化对输出脉动电压 u_D 的影响。
（5）预习实验过程中所用到的仪器设备的使用方法及注意事项。
（6）撰写预习报告。

2.1.4　实验仪器、仪表和装置

实验仪器、仪表和装置包括：万用表、函数发生器、双踪示波器、晶体管毫伏表、直流稳压电源、电子实验箱。

2.1.5　实验内容及步骤

1．信号源参数的测量

（1）打开函数发生器电源，调节输出正弦交流波的频率、幅值，并用万用表测量函数发生器输出电压的有效值 U_S，并将 U_S 记录于表 2.1.1 中。
（2）打开示波器电源开关，并与函数发生器连接，示波器测量函数发生器输出周期、最大值和波形图，并记录于表 2.1.1 中。

表 2.1.1 信号源输出参数表

万用表测量值	示　波　器　测　量　值		
有效值 U_S	信号源 u_S 的周期	信号源 u_S 的最大值	信号源 u_S 的波形图

2. 单相桥式整流电路测量

（1）用万用表测量负载电阻 R_L、R_{L1}、R_{L2} 的值，并记录于表 2.1.2 中。

注意：电阻 $R_{L1} < R_L$，$R_{L2} > R_L$。

（2）按图 2.1.3（a）接线（负载为 R_L），用示波器观测 c、d 两点间桥式整流电路的周期、电压最大值、脉动电压最小值及输出波形图，并记录有关的参数于表 2.1.2 中。

（3）改变负载电阻 R_L 值的大小，同时，用示波器观测负载 R_{L1}、R_{L2} 上 e、f 点波形的变化，并记录于表 2.1.2 中。

表 2.1.2 单相桥式整流的测量参数表

测试条件：$U_S =$ ＿＿＿＿＿＿；$R_L =$ ＿＿＿＿＿＿；$R_{L1} =$ ＿＿＿＿＿＿；$R_{L2} =$ ＿＿＿＿＿＿

测试项目	周期	最大值	最小值	波形图		
				R_{L1}	R_L	R_{L2}
测量 u_{cd}						

3. 单相桥式整流、滤波电路的测量

（1）用万用表测量电解电容器极性及电容 C_1、C、C_2 的大小，并记录于表 3.1.3 中。

注意：电容 $C_1 < C$，$C_2 > C$。

（2）在图 2.1.3（a）电路中的 c、d 两点间并联电容 C，连接成如图 2.1.3（b）所示的单相桥式整流、滤波电路。

（3）用示波器测量负载为 R_L、电容为 C_1、C、C_2 时，表 2.1.3 中 e、f 两点间的数据及波形，并记录于表 2.1.3 中。

表 2.1.3 单相桥式整流、滤波电路的测量参数表

测试条件：$U_S =$ ＿＿＿＿；$R_L =$ ＿＿＿＿；$C_1 =$ ＿＿＿＿；$C =$ ＿＿＿＿；$C_2 =$ ＿＿＿＿

测试项目	周期	电压最大值	电压最小值	波形图
参数 C 测量 u_{ef}				
参数 C_1 测量 u_{ef}				
参数 C_2 测量 u_{ef}				

4．单相桥式整流、滤波、稳压电路的测量

（1）用万用表测量电阻 R 的值，并记录于表 2.1.4 中。

（2）在图 2.1.3（b）电路中的 e、f 两点间连接稳压电路，如图 2.1.3（c）所示。

（3）用示波器测量表 2.1.4 中所示输出电压 u_{ab}、u_{ef}、u_{gh} 的参数和 g、h 两点间纹波的变化情况，并记录于表 2.1.4 中。

表 2.1.4　单相桥式整流、滤波、稳压电路的测量参数表

测试条件：$U_S =$ _____；$R =$ _____；$R_L =$ _____；$C =$ _____

测试项目	周期	电压最大值	电压最小值	波形图
测量 u_{ab}				
测量 u_{ef}				
测量 u_{gh}				纹波的变化

5．测量结束后操作

数据测量完成，测量数据经指导教师检查合格后，关闭电源，拆线。将所用的实验仪器、仪表及器件整理放置好，导线整理好。

2.1.6　实验报告

（1）画出单相桥式整流、滤波、稳压电路图，同时在图中画出测量仪器、仪表的测试连接方式。

（2）用坐标纸画出测量的各波形图，并根据表 2.1.2、表 2.1.3、表 2.1.4 中测量的数据，分析电路负载参数、电容对输出波形的影响。

（3）根据测得的参数，填写表 2.1.5 中的各项内容。

（4）写出实验体会。

表 2.1.5　桥式整流、滤波电路参数表

测量项目		单相桥式整流		单相桥式整流、滤波	
		计算式	计算值	计算式	计算值
负载上的平均电压值					
每个管子承受的最大反向电压/V					
选择的参数	每个管子的平均电流/mA				
	每个管子承受的最大反向电压/V				
信号源输出有效电压值					

2.2　晶体管特性曲线的测量

2.2.1　实验目的

（1）掌握晶体管特性曲线测试方法。
（2）提高实验数据的分析能力。

2.2.2　实验原理

晶体管特性曲线是指晶体管各电极之间电压和电流的关系曲线。它直观地表达了管子内部的物理变化规律，描述了管子的外特性。下面将其分为输入特性和输出特性进行简述（以 NPN 型晶体管为例）。

1. 输入特性曲线

输入特性曲线是指当集-射极电压 U_{CE} 为常数时，基极电流 I_B 与发射结电压 U_{BE} 之间的关系曲线族，即

$$I_B = f(U_{BE})\big|_{U_{CE}=常数}$$

输入特性曲线如图 2.2.1（a）所示。取不同的 U_{CE} 电压值，得到不同的输入特性曲线；当 $U_{CE} \geqslant 1\text{ V}$ 时，输入特性曲线基本上是重合的。

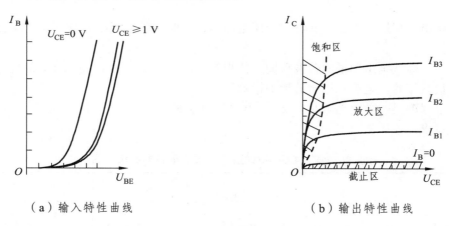

（a）输入特性曲线　　　　　　　　（b）输出特性曲线

图 2.2.1　晶体管共发射极特性曲线

硅管的死区电压约为 0.5 V，锗管约为 0.2 V，在正常工作时，NPN 型硅管的发射结电压 U_{BE} 为 0.6 ~ 0.7 V；PNP 型锗管 U_{BE} 为 –0.2 ~ –0.3 V。

2. 输出特性曲线

输出特性曲线是指当基极电流 I_B 为常数时，集电极电流 I_C 与集-射极电压 U_{CE} 之间的关系曲线族，即

$$I_{\mathrm{C}} = f(U_{\mathrm{CE}})\Big|_{I_{\mathrm{B}}=常数}$$

如图 2.2.1（b）所示。它是以 I_{B} 为参变量的一组特性曲线。其输出特性曲线可分为以下三个工作区：

1）饱和区

图 2.2.1（b）中所示的非线性区（即 $0\,\mathrm{V}<U_{\mathrm{CE}}<1\,\mathrm{V}$ 区域）为饱和区。其集电极电流 I_{C} 受电压 U_{CE} 控制，由于在该区域内 U_{CE} 较小，则晶体管管脚 C、E 之间可等效为短路，即 $U_{\mathrm{CE}} \approx 0\,\mathrm{V}$，晶体管失去放大作用。其特点为：

（1）电压条件：发射结、集电结均为正偏。

（2）临界饱和点：基极临界饱和电流 I_{BS} 与集电极临界饱和电流 I_{CS} 的关系为

$$I_{\mathrm{BS}} = \frac{I_{\mathrm{CS}}}{\beta}$$

集-射极临界饱和电压为

$$U_{\mathrm{CES}} \approx 0.3\,\mathrm{V} \text{ 或 } U_{\mathrm{CES}} \approx 0\,\mathrm{V}$$

即晶体管处于饱和状态时，集电极与发射极间的电压 U_{CES} 很小，晶体管的集电极 C 与发射极 E 间可等效为"短路"。

（3）电流关系：集电极电流 I_{C} 基本上不受基极电流 I_{B} 控制，即

$$I_{\mathrm{C}} \neq \beta I_{\mathrm{B}}$$

$$I_{\mathrm{B}} > I_{\mathrm{BS}}$$

2）放大区

图 3.2.1（b）中集电极电流 I_{C} 平行于电压 U_{CE} 轴的区域为线性放大区。其特点为：

（1）电压条件：发射结正偏，集电结反偏。

（2）电流关系：集电极电流 I_{C} 与基极电流 I_{B} 成正比关系，即

$$I_{\mathrm{C}} = \beta I_{\mathrm{B}}$$

并且基极电流 I_{B} 小于临界饱和电流 I_{BS}，即

$$0 < I_{\mathrm{B}} < I_{\mathrm{BS}}$$

3）截止区

图 2.2.1（b）中 $I_{\mathrm{B}}=0$ 及曲线以下的区域，称为截止区。截止区是一个非线性区，其特点为：

（1）电压条件：基-射极电压 $U_{\mathrm{BE}} \leqslant 0$，发射结、集电结均为反偏。

（2）电流关系：基极电流 I_{B} 和集电极电流 I_{C} 均约为 0，即

$$I_{\mathrm{B}} \approx 0$$

$$I_{\mathrm{C}} \approx 0$$

晶体管的集电极 C 与发射极 E 间可等效为"开路"，失去了电流放大作用，即

$$I_{\mathrm{C}} \neq \beta I_{\mathrm{B}}$$

2.2.3 预习内容

（1）预习晶体管的结构及工作原理。
（2）预习实验内容、电路、操作步骤、测量数据记录表和晶体管状态的估测。
（3）预习仪器、仪表及操作注意事项。
（4）撰写预习报告。

2.2.4 实验仪器、仪表和装置

实验仪器、仪表和装置包括：万用表、函数发生器、双踪示波器、晶体管毫伏表、直流稳压电源、电子实验箱。

2.2.5 实验内容及步骤

1. 输入特性曲线 $I_B = f(U_{BE})\big|_{U_{CE}=1V}$

（1）用万用表测量电阻 R_B 的值和可调电位器 R_{BW}、R_{CW} 的最大阻值，并记录于表 2.2.1 中。同时，将可调电位器 R_{BW}、R_{CW} 调节为中间位置，待用。
注意：
① 切勿带电测量电阻值。
② 电阻 R_B 参考值为 10 kΩ，可调电位器 R_{BW}、R_{CW} 的最大参考阻值为 330 kΩ。
（2）将直流稳压源的两个电流调节旋钮顺时针调节到最大；打开电源开关，调节稳压源输出电压旋钮，并用万用表测得直流稳压输出电压为 $E_B = 3$ V、$E_C = 12$ V，然后关闭稳压源的电源，待用。
注意：
① 千万不要用万用表的电流挡、欧姆挡测量直流稳压输出电压。
② 不能将直流稳压源输出端短路。
（3）按图 2.2.2 所示电路图接线，经指导教师检查无误后，可以开始进行实验操作测量。
注意：测量仪表的挡位选择和量程。

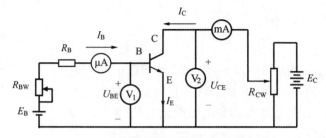

图 2.2.2　晶体管的特性曲线测试电路

（4）打开直流稳压源开关，缓慢调节可调电位器 R_{CW}，并用万用表测量集-射极电压 U_{CE}，使电压 $U_{CE} = 1$ V。

（5）缓慢调节可调电位器 R_{BW}，并用电表测量电流 I_B，其电流 I_B 值如表 2.2.1 所示。同步测量集极电流 I_C 和基-射极电压 U_{BE}，并记录于表 2.2.1 中。

表 2.2.1　晶体管输入特性曲线测量数据表

测试项目：$E_B = 3$ V，$E_C = 12$ V，$U_{CE} = 1$ V，$R_B = $ _____ $R_C = $ _____ $R_{BW} = $ _____ $R_{CW} = $ _____

测量变量	测量次数					
	1	2	3	4	5	6
I_B/mA	0.01	0.02	0.03	0.04	0.05	0.06
I_C/mA						
U_{BE}/V						

2. 输出特性曲线 $I_C = f(U_{CE})\big|_{I_B=常数}$

（1）缓慢调节可调电位器 R_{BW}，并用仪表测量基极电流 $I_B = 0.075$ mA。然后缓慢调节可调电位器 R_{CW}，使集-射极电压 U_{CE} 值如表 2.2.2 所示数据，即 U_{CE} 为 0.3 ~ 10 V。同时，同步测量相对应的集电极电流 I_C，并记录于表 2.2.2 中。

表 2.2.2　晶体管输出特性曲线测量数据表

测试项目：$E_B = 3$ V，$E_C = 12$ V，$R_B = $ _____ $R_C = $ _____ $R_{BW} = $ _____ $R_{CW} = $ _____

测量变量 /mA		U_{CE}/V							
		0.3	0.6	0.9	1	1.5	2	5	10
I_C	$I_B = 0.075$								
	$I_B = 0.06$								
	$I_B = 0.045$								
	$I_B = 0.03$								
	$I_B = 0.01$								

（2）重复步骤（1）的操作，测量表 2.2.2 中不同的基极电流 I_B 所对应的随电压 U_{CE} 而变化的电流 I_C，并将数据记录于表 2.2.2 中。

3. 测量结束后操作

数据测量完成，测量数据经指导教师检查合格后，关闭电源，拆线。将所用的实验仪器、仪表及器件整理放置好，导线整理好。

2.2.6　实验报告

（1）根据测量数据，在坐标纸上画出晶体管输入 $i_B = f(u_{BE})\big|_{U_{CE}=常数}$、输出 $i_C = f(u_{CE})\big|_{I_B=常数}$ 的特性曲线，并在曲线中划分出饱和区、放大区和截止区。

（2）撰写实验操作步骤及仪器、仪表测试注意事项。

（3）写出实验体会。

2.3　单管电压放大电路

2.3.1　实验目的

（1）掌握测量晶体管的管型、管脚和电解电容器极性的方法。

（2）掌握放大电路中各元件的功能及静态工作点的测试和调试方法。

（3）了解静态工作点变化对单管电压放大电路性能的影响。

（4）掌握单管电压放大电路主要性能指标的测试方法。

2.3.2　单管电压放大电路测试原理

如图 2.3.1 所示放大电路是共发射极放大电路，又称单管电压放大电路。其中 u_i 为输入交流信号源，R_L 为负载电阻，u_o 为输出电压。

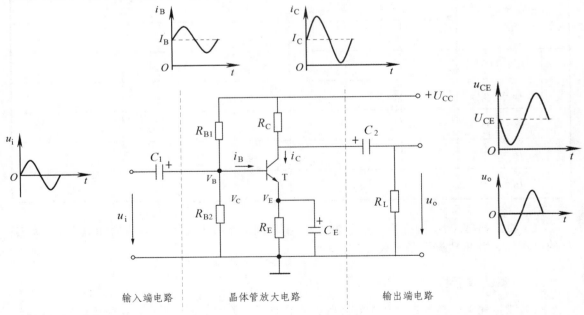

图 2.3.1　共发射极电压放大电路

1. 放大电路中各元器件的功能

1）晶体管 T

晶体管 T 是电流放大器件。其放大作用是利用晶体管的基极电流来控制集电极电流，将直流电源 U_{CC} 的能量转化为所需的信号供给负载。

2）直流电源 U_{CC}

直流电源 U_{CC} 的作用有两个：一是保证晶体管 T 的发射结处于正向偏置、集电结处于反向偏置，使晶体管工作在放大状态；二是为放大电路提供能源。

3）集电极电阻 R_C

集电极电阻 R_C 的作用是将集电极电流的变化转换为电压变化，以达到电压放大的目的。

4）基极电阻 R_B

基极电阻 R_B 的作用是为晶体管提供合适的基极静态电流 I_{BQ}。

5）发射极电阻 R_E

发射极电阻 R_E 在电路中引入了"电流串联负反馈"，其作用是稳定放大电路的静态工作点。

6）耦合电容器 C_1 和 C_2

耦合电容器 C_1 和 C_2 有两个作用：一是隔断直流（简称"隔直"），即利用 C_1、C_2 隔断放大电路与信号源、放大电路与负载之间的直流联系，以避免其直流工作状态互相影响；二是传输交流（简称"通交"），即 C_1、C_2 沟通信号源、放大器和负载三者之间的交流通路。

2. 放大电路工作状态

1）无波形失真工作状态

电压放大电路的基本要求就是输出信号尽可能不失真。如图 2.3.1 所示的放大电路静态工作状态为线性放大区时，在小信号输入条件下，其电路中输入、输出电压、电流信号变换规律如图 2.3.1 中的波形所示。即：当电路静态工作点 Q 选择合适时，可得如图 2.3.2 所示的无失真输出信号波形图（其中，I_B、I_C、U_{CE} 为放大电路静态值）。

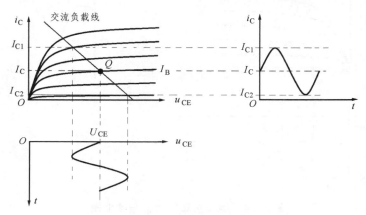

图 2.3.2　无失真输出信号波形图

2）失真工作状态

所谓失真，是指输出信号的波形不像输入信号的波形。引起失真的原因有多种，其中最基本的一个就是由于静态工作点不合适或者信号太大，使放大电路的工作范围超出了晶体管特性曲线的线性范围。这种失真通常称为非线性失真。非线性失真又可分为截止失真和饱和失真。

截止失真：如图 2.3.3 所示，由于静态工作点 Q 的位置太低，在输入正弦电压的负半周，晶体管进入截止区工作，使 i_B、u_{CE} 和 i_C 都出现严重失真，i_B 的负半周和 u_{CE} 的正半周被削平。由于 i_B、u_{CE} 和 i_C 的波形失真是因晶体管的截止特性而引起的失真，故称为**截止失真**。

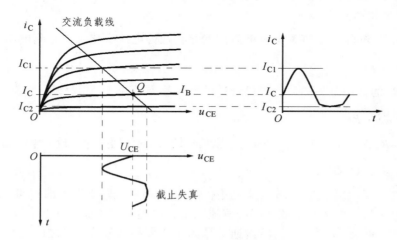

图 2.3.3　截止失真输出信号波形图

饱和失真：如图 2.3.4 所示，由于静态工作点 Q 的位置太高，在输入正弦电压的正半周，晶体管进入饱和区工作，这时 i_B 可以不失真，但是 u_{CE} 和 i_C 出现严重失真，在图 2.3.4 中 u_{CE} 的负半周已不是正弦变化。这种失真波形是由于晶体管的饱和特性而引起的失真，所以称为饱和失真。

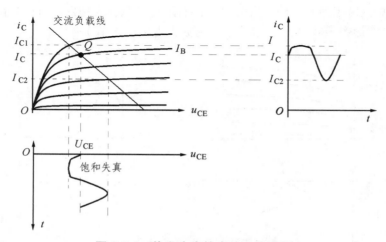

图 2.3.4　饱和失真输出信号波形图

3）失真的调试方法

调试放大电路的条件：一是发射结正偏，集电结反偏；二是放大电路要有完善的直流通路和交流通路。

调试静态工作点 Q：一般采用改变偏置电阻 R_B 的方法来调节静态工作点 Q。如放大电路信号发生截止失真，则说明放大电路的基极电流 I_B 较小，调节偏置电阻 R_B 使基极电压 U_{BE} 增加，从而增大基极电流 I_B，使截止失真消失；如放大电路发生饱和失真，则说明放大电路的基极电流 I_B 较高，调节偏置电阻 R_B 使基极电压 U_{BE} 减小，从而减小基极电流 I_B，使饱和失真消失。

3．放大电路的基本分析与性能指标的测试方法

1）静态分析

放大电路如图 2.3.1 所示。

基极电位　　　　$$V_B = \frac{R_{B2}}{R_{B1} + R_{B2}} U_{CC}$$

发射极电流　　　$$I_E = \frac{V_B - U_{BE}}{R_E}$$

集电极电流　　　$$I_C \approx I_E$$

基极电流　　　　$$I_B = \frac{I_C}{\beta}$$

集-射极电压　　　$$U_{CE} \approx U_{CC} - I_C(R_C + R_E)$$

2）性能指标的分析计算

$$r_{be} = 300 + (1 + \beta) \frac{26 \ (mV)}{I_E \ (mA)}$$

（1）有电容 C_E 时，放大电路如图 2.3.5 所示。

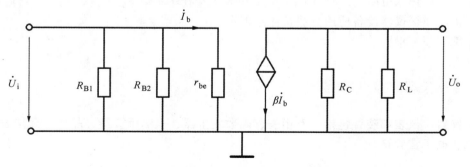

图 2.3.5　有电容 C_E 时的微变等效电路

输入电阻 r_i　　　$r_i = R_{B1} /\!/ R_{B2} /\!/ r_{be}$

输出电阻 r_o　　　　　$r_o = R_C$

电压放大倍数　　　$\dot{A}_u = \dfrac{\dot{U}_o}{\dot{U}_i} = -\dfrac{\beta(R_C \mathbin{/\!/} R_L)}{r_{be}}$

（2）无电容 C_E 时，放大电路如图 2.3.6 所示。

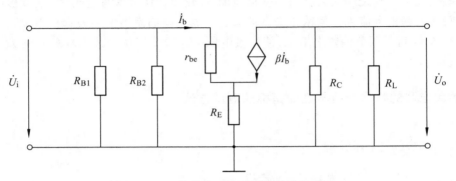

图 2.3.6　无电容 C_E 时的微变等效电路

输入电阻 r_i　　　　　$r_i = R_{B1} \mathbin{/\!/} R_{B2} \mathbin{/\!/} (r_{be} + R_E(1+\beta))$

输出电阻 r_o　　　　　$r_o = R_C$

电压放大倍数　　　$\dot{A}_u = \dfrac{\dot{U}_o}{\dot{U}_i} = -\dfrac{\beta(R_C \mathbin{/\!/} R_L)}{r_{be} + (1+\beta)R_E}$

2.3.3　预习内容

（1）预习晶体管的管脚识别方法，拟定测试晶体管管脚的操作步骤及注意事项。

（2）预习如图 2.3.7 所示放大电路的放大原理，静态和动态参数的计算方法。

（3）预习放大电路出现输出波形失真时的操作步骤及调节方法。

（4）预习实验内容，并写出估算静态工作点 Q 值（即 I_{BQ}、I_C、U_{CE}、r_{be}）和动态性能指标的表达式（即输入电阻 r_i、输出电阻 r_o 和电压放大倍数 A_u、A_{us}）。

（5）预习测量仪器设备使用方法及注意事项。

（6）撰写预习报告。

2.3.4　实验仪器、仪表和装置

实验仪器、仪表和装置包括：万用表、函数发生器、双踪示波器、晶体管毫伏表、直流稳压电源、电子实验箱。

2.3.5　实验内容及步骤

实验电路如图 2.3.7 所示。

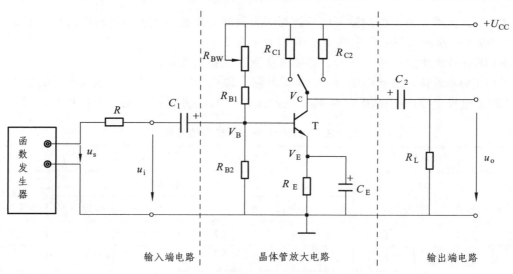

图 2.3.7　电压放大实验电路图

1. 元件测试

　　用万用表判别晶体管的管型和管脚；判断电解电容的极性和好坏；测量放大电路中电阻 R、R_E、R_{C1}、R_{C2} 和 R_L 的参数值，并记录于表 2.3.1 中。

2. 实验电路的连接

　　（1）将直流稳压源的两个电流调节旋钮顺时针调节到最大；打开电源开关，调节稳压源输出电压旋钮，并用万用表测得直流稳压输出电压为 $U_{CC} = 12\ \text{V}$，然后关闭稳压源的电源，待用。

　　注意：先将直流稳压电源在开路情况下调到 12 V，再接到实验电路中，否则有可能使实验电路承受不必要的高压而损坏电子元件。

　　（2）按图 2.3.7 接线，集电极连接电阻 R_{C1}，检查无误后，再打开直流稳压电源。

　　注意：先不接入函数发生器。

　　（3）函数发生器调试为输出正弦信号，其输出电压有效值为 $U_i = 15\ \text{mV}$，频率为 $f = 1\ \text{kHz}$，然后接入如图 2.3.7 所示的电路。

　　（4）将示波器连接于放大电路的输入信号 u_i 端和输出端负载 R_L 端，用于测量放大电路的输入、输出信号波形。

3. 静态工作点的测试

　　（1）调节基极端偏置电阻 R_{BW}，同时观察示波器显示的放大电路输出不失真信号波形。

　　① 如放大电路输出信号波形图中存在截止失真，应调高工作点，即调节减小电阻 R_{BW}。

　　② 如波形图是饱和失真，应调低工作点，即调节增加电阻 R_{BW}。

　　③ 如波形图中同时存在截止失真和饱和失真，则可适当地调小函数发生器的输出信号。调节结果为示波器上所观测的输出信号波形不失真。

（2）当示波器上所观测的输出信号波形不失真时，测量函数发生器输出信号的电压 U_S、频率 f 及放大电路输入信号的电压 U_i，并记录于表 2.3.1 中。

（3）断开放大电路的输入信号，即断开函数发生器的连接。

（4）分别测量接入负载电阻 R_L 和负载开路（即 $R_L = \infty$）状态下，放大电路的静态工作点值，即集电极电位 V_C、基极电位 V_B、发射极电位 V_E。将测量结果记录于表 2.3.1 中。

表 2.3.1　放大电路工作状态测试表

$U_S=$			$U_i=$	$R=$		$R_E=$		$R_L=$		$f=$
放大电路的工作状态				实验数据						
				静态工作点			有效值	输出波形	放大倍数	
				V_B/V	V_C/V	V_E/V	U_0/V	u_o	A	
$R_{C1}=$	调节 R_{BW}	放大	R_L							
			$R_L=\infty$							
		饱和	$R_L=\infty$					—	—	
		截止	$R_L=\infty$					—	—	
$R_{C2}=$		放大状态 $R_L=\infty$								

4. 放大电路的工作状态研究

1）定性观察放大电路性能

（1）接入负载 R_L 后输出信号的观测。

放大电路接通函数发生器信号，用示波器观测电路接入负载电阻 R_L 时，输入信号 u_i 的波形、无失真输出信号 u_o 的波形；测量输出电压 U_0 的有效值，并记录于表 2.3.1 中。

（2）负载开路后输出信号的观测。

用示波器观测负载开路（即 $R_L = \infty$）时，输入信号 u_i 的波形和无失真输出信号 u_o 的波形，测量输出电压 U_o 的有效值，并记录于表 2.3.1 中。

（3）集电极电阻的变化。

将集电极电阻改接为 R_{C2}，负载为开路，用示波器观测输入信号 u_i 的波形、输出信号 u_o 的波形，测量输出电压 U_o 的有效值；然后断开放大电路的输入信号源，测试静态工作点值，并记录于表 2.3.1 中。

2）观测静态工作点对放大电路性能的影响

将集电极电阻接于 R_{C1}，负载为开路状态。

（1）调节基极端偏置电阻 R_{BW}，使放大电路进入饱和失真，用示波器观测输入信号 u_i 的波形、输出信号 u_o 的波形；然后断开放大电路的输入信号源，测试静态工作点值，并记录于表 2.3.1 中。

（2）调节基极端偏置电阻 R_{BW}，使放大电路进入截止失真，用示波器观测输入信号 u_i 的波形、输出信号 u_o 的波形；然后断开放大电路的输入信号源，测试静态工作点值，并记录于表 2.3.1 中。

5. 测量结束后操作

数据测量完成，测量数据经指导教师检查合格后，关闭电源，拆线。将所用的实验仪器、仪表及器件整理放置好，导线整理好。

2.3.6　实验报告

（1）画出完整的实验测试电路图，并在图中标明各元件参数和三极管型号及放大倍数 β，计算表 2.3.1 中的电压放大倍数 A。

（2）整理实验数据，分析基极偏置电路电阻 R_B 和集电极电阻 R_C 的变化对静态工作点、放大倍数及输出波形的影响。

表 2.3.2　放大电路各性能参数表

放大电路工作状态			静态工作点 Q 值			动态性能指标			
			I_B	I_C	U_{CE}	r_{be}	r_i	r_o	A
R_{C1}	放大	R_L							
		$R_L = \infty$							
	饱和	$R_L = \infty$				—	—	—	—
	截止	$R_L = \infty$				—	—	—	—
R_{C2}	放大状态 $R_L = \infty$								

（3）根据表 2.3.1 中的数据，计算表 2.3.2 中的各参数值。

（4）对实验中出现的现象、故障等进行分析讨论，并整理出今后实验操作中的注意事项。

注：输出电阻 r_o 的计算公式为

$$r_o = \left(\frac{U_o}{U_{oL}} - 1 \right) R_L$$

其中，U_o 为负载 $R_L = \infty$ 时的输出电压值；U_{oL} 为接上负载 R_L 时的输出电压值。

（5）写出实验体会。

2.4　两级阻容耦合放大电路

2.4.1　实验目的

（1）掌握两级阻容耦合放大电路静态工作点的调节方法及前后级间的关系。

（2）掌握两级阻容耦合放大电路电压放大倍数的测试方法。

（3）掌握放大电路输出电阻测试方法。

2.4.2　实验原理

1. 多级耦合的方式

通常放大电路的输入信号都很微弱，一般为毫伏或微伏数量级，这样微弱的信号经过多个单级放大电路不断放大，即多级放大使信号逐级得到放大，在输出端获得足够大的电压和功率。

在多级放大电路中，每两个单级放大电路之间的连接方式叫耦合。实现耦合的电路称为**级间耦合电路**，其任务是将前级信号传送到后级。对于级间耦合电路的基本要求是：

① 级间耦合电路对前、后级放大电路静态工作点不产生影响。

② 级间耦合电路不会引起信号失真。

③ 尽量减少信号电压在耦合电路上的压降。

多级放大电路中的级间耦合通常有三种耦合方式：**阻容耦合**、**变压器耦合**和**直接耦合**。如图 2.4.1 所示。

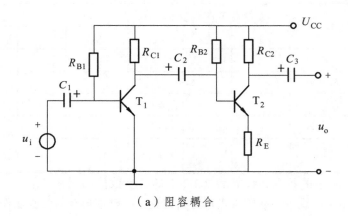

（a）阻容耦合

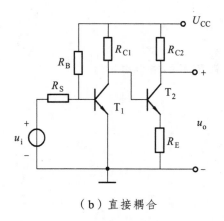

（b）直接耦合

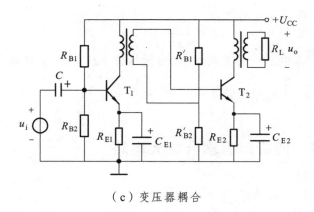

（c）变压器耦合

图 2.4.1　多级耦合电路图

1）阻容耦合

在多级放大电路中，用电阻、电容耦合的称为阻容耦合，其特点是各级静态工作点互不影响，不适合传送缓慢变化信号和直流信号。阻容耦合交流放大电路是低频放大电路中应用得最多、最常见的电路。如图 2.4.1（a）所示。

2）直接耦合

直接耦合方式就是级间不需要耦合元件。其特点是不仅能传送交流信号，还能传送直流信号。多用于直流放大电路和线性集成电路中。如图 2.4.1（b）所示。

3）变压器耦合

用变压器构成级间耦合电路的称为变压器耦合。由于变压器的体积与重量较大，成本较高，所以变压器耦合在交流电压放大电路中应用较少，而较多应用在功率放大电路中。如图 2.4.1（c）所示。

2．阻容耦合放大电路的分析

图 2.4.2 所示为两级放大电路的框图，即放大电路 A_{u1} 和放大电路 A_{u2}，两级间由电容元件 C 连接，称之为阻容耦合放大电路。

1）静态分析

由于图 2.4.2 放大电路框图中，前后级间是用电容 C 进行耦合，而电容元件具有"隔直"作用，所以，多级阻容耦合放大电路的各级之间无直流联系，各级放大电路的静态工作点互不影响，即实验中可分别调试各级放大电路的静态工作点参数值。

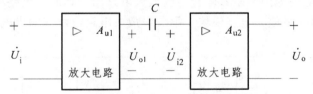

图 2.4.2 阻容耦合放大电路框图

2）动态分析

如图 2.4.2 所示为两级阻容耦合放大电路的框图。其动态性能如下：

第一级放大电路的电压放大倍数 $\dot{A}_{u1}$ 为

$$\dot{A}_{u1} = \frac{\dot{U}_{o1}}{\dot{U}_i}$$

第二级放大电路的电压放大倍数 A_{u2} 为

$$\dot{A}_{u2} = \frac{\dot{U}_o}{\dot{U}_{i2}}$$

第一级放大电路的输出电压 $\dot{U}_{o1}$ 就是第二级的输入电压 $\dot{U}_{i2}$，即

$$\dot{U}_{01} = \dot{U}_{i2}$$

$$\dot{A}_{u2} = \frac{\dot{U}_o}{\dot{U}_{i2}} = \frac{\dot{U}_o}{\dot{U}_{o1}}$$

图 2.4.2 所示两级阻容耦合放大电路的放大倍数 $\dot{A}_u$ 为

$$\dot{A}_u = \frac{\dot{U}_o}{\dot{U}_i} = \frac{\dot{U}_{o1}}{\dot{U}_i} \cdot \frac{\dot{U}_o}{\dot{U}_{o1}} = \dot{A}_{u1} \cdot \dot{A}_{u2}$$

即：两级放大电路总的电压放大倍数 $\dot{A}_u$ 等于各级电压放大倍数 $\dot{A}_{u1}$ 和 $\dot{A}_{u2}$ 的乘积。由此可以推出：

① n 级放大电路的总电压放大倍数 $\dot{A}_u$。

n 级放大电路的总电压放大倍数等于各个单级放大器放大倍数的积。

$$\dot{A}_u = \dot{A}_{u1} \cdot \dot{A}_{u2} \cdot \dot{A}_{u3} \cdots \dot{A}_{un} = \prod_{k=1}^{n} \dot{A}_{uk}$$

② n 级放大电路的输入电阻 r_i。

n 级放大电路的第一级输入电阻就是 n 级放大电路的输入电阻，即

$$r_i = r_{i1}$$

③ n 级放大电路的输出电阻 r_o。

n 级放大电路最末一级的输出电阻就是 n 级放大电路的输出电阻，即

$$r_o = r_{on}$$

3）两级阻容耦合放大电路

如图 2.4.3 所示电路为两级阻容耦合实验放大电路图，其放大电路由四个电路模块组成，即输入电路模块、第一级放大电路模块、第二级放大电路模块和输出电路模块。

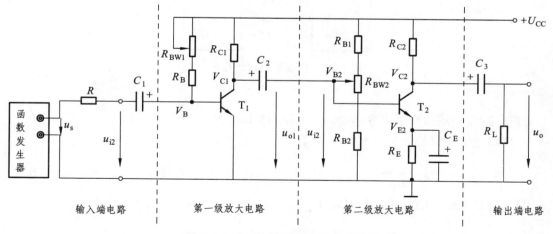

图 2.4.3　两级阻容耦合放大电路

① 输入模块。

输入模块主要是由信号源、电阻 R、电容 C_1 组成。

② 放大电路模块。

此电路的放大电路模块由两级独立的放大电路模块组成，其中电容 C_2 的"隔直"效应，使前后两级的静态工作点值可在实验中独立调试。而且，第一级的输出信号是第二级的输入信号，即 $u_{i2} = u_{o1}$；第二级的输入电阻是第一级的负载，即 $R_{L1} = r_{i2}$；第一级的输入电阻是两级阻容耦合放大电路的输入电阻，即 $r_i = r_{i1}$；第二级的输出电阻是两级阻容耦合放大电路的输出电阻，即 $r_o = R_{C2}$；两级阻容耦合放大电路的放大倍数为 $\dot{A}_u = \dot{A}_{u1} \cdot \dot{A}_{u2}$。

③ 输出模块。

输出模块为两级阻容耦合放大电路所带的负载电路。

2.4.3　预习内容

（1）预习实验电路的放大原理，明确实验目的及内容。

（2）预习可变电阻 R_{BW1}、R_{BW2} 的作用，如在实验中改变电阻参数 R_{BW1}、R_{BW2}，则对放大图 2.4.3 所示电路有何影响？其调节电阻 R_{BW1}、R_{BW2} 的目的是什么？

（3）预习放大电路静态工作点的调试方法及注意事项。

（4）写出如图 2.4.3 所示电路的计算式。即放大电路的静态工作点的表达式；放大电路输出端接负载 R_L 和 $R_L = \infty$ 时，电压放大倍数表达式；输入电阻、输出电阻表达式。

（5）预习测量仪器设备使用方法及注意事项。

（6）撰写预习报告。

2.4.4　实验仪器、仪表和装置

实验仪器、仪表和装置包括：万用表、函数发生器、双踪示波器、晶体管毫伏表、直流稳压电源、电子实验箱。

2.4.5　实验内容及步骤

根据图 2.4.3 所示的两级阻容耦合放大实验电路，完成测量电路的接线，确认无误后，可接通电源 U_{CC} 开关，并在放大电路的输入端接入信号源。

1. 静态工作点的调试

（1）观测不失真放大波形。

① 调试信号源 u_S 输出的电压 U_S 及频率 f，并测试放大电压电路输入信号的有效值电压 U_{i1} 和信号频率 f（即：实验参考值 $U_{i1} = 10\ \text{mV}$，$f = 1\ \text{kHz}$）。

② 用示波器分别观测第一级放大电路和第二级放大电路的输出电压 u_{o1}、u_o 的波形是否失真，若出现波形失真，则分别调节偏置电阻参数 R_{BW1}、R_{BW2} 的大小，使示波器上所观察到的电压 u_{o1}、u_o 波形不失真。

（2）在输出电压 u_{o1}、u_o 的波形不失真的条件下，测量两级耦合放大电路的静态工作点参数，并记录于表 2.4.1 中，并根据测量值，计算表 2.4.1 中的电流 I_{C1}、I_{C2} 和电阻 r_{be1}、r_{be2} 值。

表 2.4.1　　放大电路静态工作点参数表

静态工作点测量值					计算值			
第一级		第二级						
V_B/V	V_{C1}/V	V_{B2}/V	V_{C2}/V	V_{E2}/V	I_{C1}/mA	I_{C2}/mA	r_{be1}/Ω	r_{be2}/Ω

2. 电压放大倍数和输出电阻的测量

用示波器观测输出电压 u_{o1}、u_o 的波形，在保证其波形不失真的条件下，分别测量放大电路连接负载 R_L 和负载为 $R_L = \infty$ 时，放大电路的有效值电压 U_{i1}、U_{o1}、U_o，并记录于表 2.4.2 中；并根据测量值，计算表 2.4.2 中的电压放大倍数 A_{u1}、A_{u2}、A_u 和输出电阻 r_o。

表 2.4.2　　电压放大倍数和输出电阻的测量及计算表

项目	U_{i1}/V	U_{o1}/V	U_o/V	A_{u1}	A_{u2}	A_u	r_o/Ω
$R_L =$							
$R_L = \infty$							

注：输出电阻 r_o 的计算公式为

$$r_o = \left(\frac{U_o}{U_{oL}} - 1 \right) R_L$$

其中，U_o 为负载 $R_L = \infty$ 时输出电压值；U_{oL} 为接上负载 R_L 时输出电压值。

2.4.6　实验报告

（1）请画出完整的实验测试电路图，并在图中标明各元件参数、三极管型号及放大倍数 β。

（2）整理表 2.4.1 的测量数据，讨论多级耦合放大电路静态工作点的调试特点，静态工作点对放大倍数及输出波形的影响。

（3）试说明什么电阻是前级放大电路的负载电阻，后级放大电路的输入电阻的大小对前级放大电路有何影响。

（4）完成表 2.4.2 中电压放大倍数 A_{u1}、A_{u2}、A_u 和输出电阻 r_o 的计算。

（5）写出实验体会。

2.5　MOS 场效应管特性的基本应用测试

2.5.1　实验目的

（1）了解 MOS 场效应晶体管的工作原理及特性。

（2）了解 MOS 场效应晶体管的基本应用性能及测试。

2.5.2 实验原理

场效应管是一种电压控制的单极型（即仅有一种载流子参与导电）半导体器件，它的输出电流决定于输入信号电压的大小，基本上不需要信号源提供输入电流，所以其输入电阻很高，可高达 $10^9 \sim 10^{14}\ \Omega$，是一种电压控制电流的器件。

场效应管按其结构划分，可分为两种类型：结型场效应管和 MOS 场效应管（即绝缘栅场效应管）。MOS 场效应管又可分为增强型 MOS 场效应管和耗尽型 MOS 场效应管。由于 MOS 场效应管在制作上比较简单，集成度高，因此，大量地应用于集成电路的制造中。

1. N 沟道增强型场效应管的特性

1）输入特性

N 沟道增强型场效应管的电路符号如图 2.5.1 所示。由于栅级与源极和漏极之间相互绝缘，所以，场效应管的输入电阻 r_{GS} 很高，即 $r_{GS} \approx 10^{12}\,\Omega$，则场效应管的栅极输入电流 $i_G \approx 0$。

2）转移特性和输出特性曲线

（1）转移特性。

转移特性曲线反映的是栅-源电压 u_{GS} 对漏极电流 i_D 的控制关系，其函数关系式为

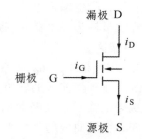

图 2.5.1　N 沟道增强型场效应管

$$i_D = f(u_{GS})\Big|_{u_{DS}=常数}$$

如图 2.5.2（a）所示是 N 沟道增强型 MOS 管的转移特性曲线。

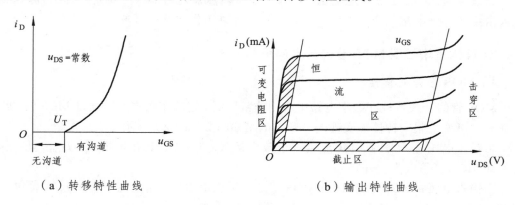

（a）转移特性曲线　　　　　　（b）输出特性曲线

图 2.5.2　N 沟道增强型 MOS 管的特性曲线

在图 2.5.2（a）所示曲线中，当栅-源电压 $u_{GS} = 0$ 时，漏极电流 $i_D \approx 0$；当栅-源电压 $u_{GS} = U_T$（即，称为"开启电压 U_T"）时，管子处于由不导通变为导通的临界点；当栅-源电压 $u_{GS} > U_T$ 时，管子导通。

转移特性曲线的斜率用 g_m 表示，g_m 的大小反映了栅-源电压 u_{GS} 对漏极电流 i_D 的控制作用，所以称 g_m 为跨导，单位为 mA/V 或 mS（毫西门子），其定义式为

$$g_{\mathrm{m}} = \frac{\Delta I_{\mathrm{D}}}{\Delta U_{\mathrm{GS}}}\bigg|_{u_{\mathrm{DS}}=\text{常数}}$$

（2）输出特性。

N 沟道增强型 MOS 管的输出特性是指在不同的定值栅-源电压 u_{GS} 下，漏极电流 i_{D} 与漏-源电压 u_{DS} 之间的关系曲线族，即

$$i_{\mathrm{D}} = f(u_{\mathrm{DS}})\big|_{u_{\mathrm{GS}}=\text{常数}}$$

其特性曲线如图 2.5.2（b）所示，可将其分为四个区：可变电阻区、恒流区、截止区和击穿区。

① 可变电阻区。

栅-源电压 $u_{\mathrm{GS}} > U_{\mathrm{T}}$ 时，漏极与源极间出现了导电沟道，管子导通。随着漏-源电压 u_{DS} 由零逐渐上升，产生漏极电流 i_{D}，漏极电流 i_{D} 几乎随漏-源电压 u_{DS} 线性变化，呈低电阻状态，即场效应管可视为一个受 u_{GS} 控制的可变电阻。

② 恒流区。

当漏-源电压 u_{DS}（$u_{\mathrm{GS}} = $ 常数）增加到某一定值时，导电沟道出现预夹断。预夹断是由可变电阻区过渡到恒流区的转折点。图 2.5.2（b）左侧虚线所示即为转折点。若再继续增大 u_{DS}，则漏极端导电沟道被夹断而出现耗尽层，随着 u_{DS} 的增加，耗尽层电阻增加，从而使 i_{D} 几乎维持不变，特性曲线趋于水平，如图 2.5.2（b）所示。在恒流区中，漏极电流 i_{D} 受控于栅-源电压 u_{GS}，而与漏-源电压 u_{DS} 几乎无关。

③ 截止区。

当栅-源电压 $0 < u_{\mathrm{GS}} < U_{\mathrm{T}}$ 时，没有导电沟道，漏极电流 $i_{\mathrm{D}} \approx 0$，呈高电阻状态，管子进入截止区。

④ 击穿区。

当漏-源电压 u_{DS} 超过一定电压时，发生击穿现象。这时漏极电流 i_{D} 迅速上升，场效应管进入击穿区。为了避免管子损坏，场效应管不允许工作在这一区域。

2. N 沟道增强型 MOS 管的基本应用

1）MOS 管开关特性

MOS 管的开关特性在数字电路中应用非常广泛，它的作用主要是通过 MOS 管的"截止"特性和"可变电阻"特性来实现的。开关电路如图 2.5.3（a）所示。

当输入电压 $u_{\mathrm{i}} < U_{\mathrm{T}}$ 时，MOS 管处于截止状态，$i_{\mathrm{D}} = 0$，输出电压 $u_{\mathrm{o}} = U_{\mathrm{DD}}$，呈高电阻状态，即 MOS 管等效为"开路"。

当输入电压 $u_{\mathrm{i}} > U_{\mathrm{T}}$ 一定值时，MOS 管处于可变电阻区，输出电压 $u_{\mathrm{o}} \approx 0$，呈低电阻状态，即 MOS 管等效为"短路"。

可见，MOS 管相当于是一个由栅-源电压 u_{GS} 控制的无触点开关，当输入 u_{GS} 为低电平时，相当于开关"断开"，如图 2.5.3（b）所示；当输入 u_{GS} 为高电平时，相当于开关"闭合"，即 MOS 管的开关作用，如图 2.5.3（c）所示。

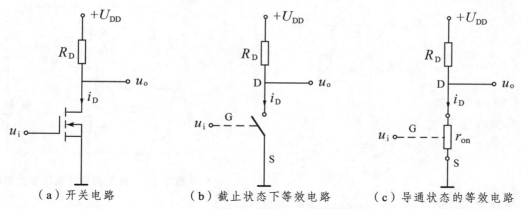

（a）开关电路　　　　（b）截止状态下等效电路　　　（c）导通状态的等效电路

图 2.5.3　MOS 管开关电路及开关等效电路

2）MOS 管的有源电阻特性

如图 2.5.4（a）所示电路中，栅极与漏极同时连接在电源 U_{DD} 上，当 $u_{GS} > U_T$，MOS 管总是工作在恒流区，处于导通状态，即

$$u = u_{GS} = u_{DS}$$

因为

$$i_G \approx 0\,\text{A}$$

所以

$$i_D = i_S$$

因此，图 2.5.4（a）可等效为图 2.5.4（b）电路。又由于当 $u = u_{GS} < U_T$ 时，$i_D = 0\,\text{A}$，MOS 管呈现出其电阻特性为一有源非线性电阻 r，其电阻 r 的伏安特性如图 2.5.5 所示。

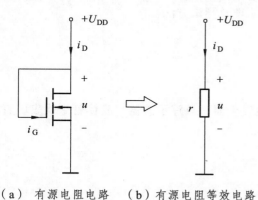

（a）有源电阻电路　（b）有源电阻等效电路

图 2.5.4　MOS 管电阻作用的电路图

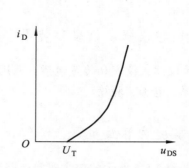

图 2.5.5　有源电阻 r 的伏安特性曲线

3）MOS 管的放大作用

如图 2.5.6 所示为分压式自给偏压放大电路。

（1）静态工作点。

当 $u_{GS} > U_T$ 使 MOS 管工作在恒流区时，静态工作点可通过下式联立解得：

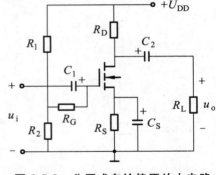

图 2.5.6　分压式自给偏压放大电路

$$\begin{cases} U_{GS} = \dfrac{R_2}{R_1 + R_2} U_{DD} - I_D R_S \\ I_D = I_{DSS} \left(1 - \dfrac{U_{GS}}{U_P}\right)^2 \end{cases}$$

（2）动态性能。

低频跨导

$$g_m = \left. \frac{\Delta i_D}{\Delta u_{GS}} \right|_{u_{GS}=常数}$$

电压放大倍数

$$A_u = \frac{\dot{U}_o}{\dot{U}_i} = -g_m (R_D /\!/ R_L)$$

输入电阻

$$r_i \approx R_G + (R_1 /\!/ R_2)$$

输出电阻

$$r_o \approx R_D$$

2.5.3　预习内容

（1）预习实验内容，明确实验目的。
（2）预习 MOS 管特性的基本应用电路工作原理及测试方法。
（3）撰写预习报告。

2.5.4　实验仪器、仪表和装置

实验仪器、仪表和装置包括：万用表、函数发生器、双踪示波器、晶体管毫伏表、直流稳压电源、电子实验箱。

2.5.5　实验内容及步骤

根据图 2.5.6 所示的放大实验电路，完成测量电路的接线，确认无误后，可接通电源 U_{CC} 开关，并在放大电路的输入端接入信号源。

1. MOS 管开关特性测试

MOS 管开关特性测试的实验电路如图 2.5.7 所示。

（1）调试可调电阻 R_{GW}，使栅-源电压 $u_{GS} = 0\text{ V}$，测试输出电压 u_o 和漏极电阻端电压 u_{DR}，并记录于表 2.5.1 中。

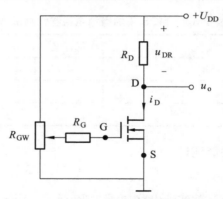

图 2.5.7　MOS 管开关特性测试电路

表 2.5.1　MOS 管开关特性测试表

测试项目	$R_D =$				
	u_{GS}/V	u_{DR}/V	u_{DR} 变化情况	u_o/V	计算 i_D
$u_{GS} = 0\ V$					
u_{DR} 略大于零					
u_{DR} 略小于 U_{DD}					

（2）调节可调电阻 R_{GW}，使栅-源电压 u_{GS} 由零逐渐增加，同时观测漏极电阻端电压 u_{DR} 的变化情况，当观测到电压 u_{DR} 略大于零时，测试栅-源电压 u_{GS}，并将测试 u_{GS} 的数据和观测漏极电阻端电压 u_{DR} 的变化情况同时记录于表 2.5.1 中。

（3）调节可调电阻 R_{GW}，继续增加栅-源电压 u_{GS}，同时观测漏极电阻端电压 u_{DR} 的变化情况，当 u_{DR} 略小于电源电压 U_{DD} 时，测试输出电压 u_o、漏极电阻端电压 u_{DR}，并记录于表 2.5.1 中，同时记录 u_{DR} 的变化情况。

2. MOS 管的有源电阻特性测试

MOS 管的有源电阻特性测试的实验电路如图 2.5.8 所示。本实验主要是通过伏安特性的测量来描述 MOS 管的电阻特性。

电源电压 U_{DD} 从 1 V 开始增加，实验中调节电压参考数据范围如表 2.5.3 所示，测试对应的漏-源电压 u_{DS}，并记录于表 2.5.2 中。计算表 2.5.2 中的漏极电流 i_D。

注意：测试漏极电阻 R_D 大小，则漏极电流为

$$i_D = \frac{U_{DD} - u_{DS}}{R_D}$$

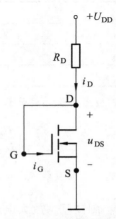

**图 2.5.8　MOS 管有源电阻
特性测试电路**

表 2.5.2　MOS 管的有源电阻特性测试表

测试项目	U_{DD}/V						
	1	2	3	4	5	6	7
u_{DS}							
i_D							

3. MOS 管放大电路性能测试

（1）观测不失真放大波形。

MOS 管放大电路性能测试的实验电路如图 2.5.9 所示，用示波器分别观测放大电路的输入、输出不失真信号波形，并将波形记录于表 2.5.3 中。

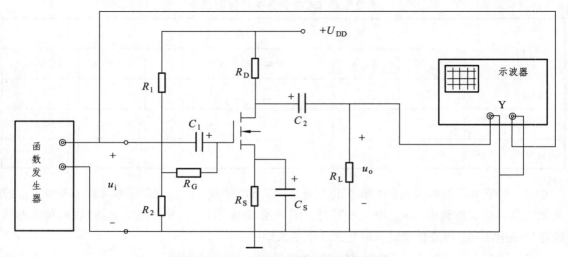

图 2.5.9　MOS 管放大电路性能测试电路

表 2.5.3　MOS 管电压放大电路性能测试表

项目	$f=$				
	U_i/V	U_o/V	A_u	r_o/Ω	波形
$R_L=$					
$R_L=\infty$					

注：输出电阻 r_o 的计算公式为

$$r_o=\left(\frac{U_o}{U_{oL}}-1\right)R_L$$

其中，U_o 为负载 $R_L=\infty$ 时输出电压值；U_{oL} 为接上负载 R_L 时的输出电压值。

（2）测试基本放大电路的性能。

测量电压放大倍数 A_u 和输出电阻 r_o：

分别测量放大电路接入负载和负载开路时的输入信号电压 U_i、输出电压 U_o 值，并记录于表 2.5.3 中。计算放大电路的电压放大倍数 A_u 和输出电阻 r_o。

2.5.6　实验报告

（1）请画出完整的实验测试电路图，并在图中标明各元件参数和场效应管型号及跨导 g_m。

（2）整理表 2.5.1 中的实验测量数据和计算，分析当"u_{DR} 略大于零"时，测量的栅-源电压 u_{GS} 数据的含义；并用实验数据论述 MOS 管的开关特性。

（3）整理表 2.5.2 中的实验测量数据和计算，并根据表 2.5.2 中数据，画出其伏安特性曲线，论述 MOS 管的有源电阻特性。

（4）整理表 2.5.3 中的实验测量数据和计算，并用坐标纸画出输入 u_i 与输出 u_o 电压的波形图，论述 MOS 管放大电路的性能。

（5）写出实验体会。

2.6　反馈放大电路

2.6.1　实验目的

（1）熟悉晶体管的管型、管脚和电解电容器的极性。

（2）加深理解反馈放大电路的工作原理及负反馈对放大电路性能的影响。

（3）学习反馈放大电路性能的测量与调试方法。

2.6.2　实验原理

1．放大电路中的反馈

1）反馈的基本概念

所谓**反馈**，就是把放大电路的输出量（电流或电压）的一部分或全部，经过一定的电路（称为反馈电路）送回它的输入端来影响输入量，即输出量参与控制。如图 2.6.1 所示为反馈方框图。

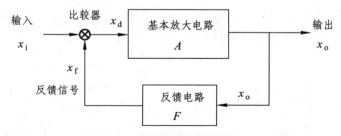

图 2.6.1　反馈放大电路方框图

反馈放大电路一般是由"基本放大电路"和"反馈电路"两部分构成的一个闭环放大电

路。闭环放大电路的放大倍数称为**闭环放大倍数** A_f。如图 2.6.1 所示负反馈放大电路框图中各参数之间关系如下。

基本放大电路的净输入为

$$x_d = x_i - x_f$$

反馈系数 F 为

$$F = \frac{x_f}{x_o}$$

开环放大倍数 A 为

$$A = \frac{x_o}{x_d}$$

闭环放大倍数 A_f 为

$$A_f = \frac{x_o}{x_i} = \frac{x_o}{x_d + x_f} = \frac{x_o}{x_d + Fx_o} = \frac{\frac{x_o}{x_d}}{1 + F\frac{x_o}{x_d}} = \frac{A}{1 + FA}$$

上式表示了闭环放大倍数 A_f、开环放大倍数 A 和反馈系数 F 三者之间的关系。

根据反馈回路送回输入端的信号是增强还是减弱输入信号，反馈可分为"正反馈"和"负反馈"。

① 正反馈。

如果反馈信号对输入信号起增强作用，则称为**正反馈**。正反馈的结果是导致随着输入信号增强，输出信号也相应增大。放大器的放大倍数增大，致使电路工作不稳定，放大器的性能因而变恶劣。正反馈则常用在振荡电路中。

② 负反馈。

如果反馈信号对输入信号起削弱作用，则称为**负反馈**。负反馈的结果是使放大器的放大倍数减小，可以改善放大电路的性能，因此在放大电路中几乎都采用负反馈。

2）负反馈的类型

① 根据从放大电路图 2.6.1 中的输出端取反馈信号 x_o 种类的不同，可分为"电压反馈"和"电流反馈"。

电压反馈：反馈采样信号与输出电压 u_o 成正比，如图 2.6.2（a）所示。

电流反馈：反馈采样信号与输出电流 i_o 成正比，如图 2.6.2（b）所示。

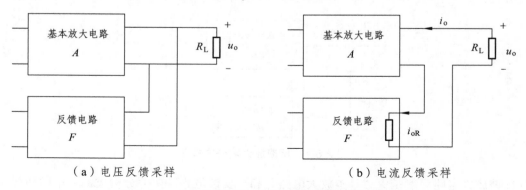

（a）电压反馈采样　　　　　　　　　　　　（b）电流反馈采样

图 2.6.2　放大电路输出端采样反馈信号的方式框图

② 根据反馈信号 x_f 与放大电路输入信号 x_d 连接方式的不同，可分为"串联负反馈"和"并联负反馈"。

串联负反馈： 反馈信号 x_f 与放大电路输入信号 x_d 的连接方式为串联，如图 2.6.3（a）所示。反馈信号以电压 u_f 的形式出现在输入端，此时放大电路的净输入电压为 $u_d = u_i - u_f$。

并联负反馈： 反馈信号 x_f 与放大电路输入信号 x_d 的连接方式为并联，如图 2.6.3（b）所示。反馈信号以电流 i_f 的形式出现在输入端，此时放大电路的净输入电流为 $i_d = i_i - i_f$。

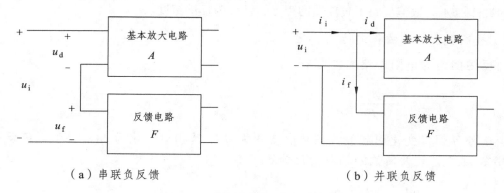

（a）串联负反馈　　　　　　　　　　（b）并联负反馈

图 2.6.3　反馈电路与输入端的连接方式

③ 四种类型的负反馈。

四种类型的负反馈，即串联电流负反馈、串联电压负反馈、并联电流负反馈、并联电压负反馈。如图 2.6.4 所示。

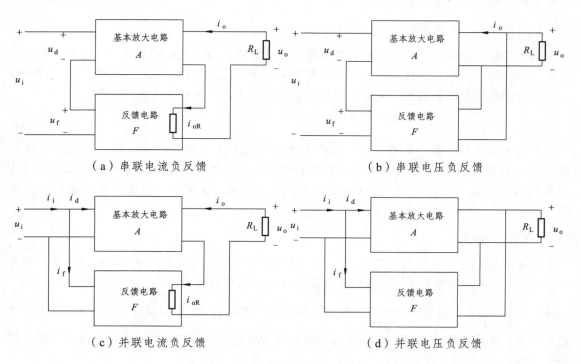

（a）串联电流负反馈　　　　　　　　　（b）串联电压负反馈

（c）并联电流负反馈　　　　　　　　　（d）并联电压负反馈

图 2.6.4　四种类型的负反馈框图

2. 负反馈对放大电路性能的影响

1）降低放大倍数

加入负反馈后放大电路的放大倍数 $\dot{A}_f$ 为无负反馈时 $\dot{A}$ 的 $\dfrac{1}{1+\dot{F}\dot{A}}$ 倍，即 $\left|\dot{A}_f\right| = \left|\dfrac{\dot{A}}{1+\dot{F}\dot{A}}\right| < \left|\dot{A}\right|$。

可见负反馈对放大电路性能的影响是使放大倍数下降。$\left|1+\dot{F}\dot{A}\right|$ 越大，电压放大倍数下降也越大，因此 $\left|1+\dot{F}\dot{A}\right|$ 的数值反映了负反馈的程度，被称为**反馈深度**。

2）提高放大倍数的稳定性

当反馈网络为电阻网络时，则有

$$A_f = \frac{A}{1+FA}$$

由于外界因素变化引起放大倍数的变化为 $\mathrm{d}A$，其相对变化为 $\mathrm{d}A/A$。引入负反馈后放大倍数为 A_f，放大倍数的相对变化为 $\mathrm{d}A_f/A_f$。得

$$\frac{\mathrm{d}A_f}{A_f} = \frac{1}{1+AF}\cdot\frac{\mathrm{d}A}{A}$$

上式表明，在引入负反馈之后，虽然放大倍数从 A 减小到 A_f，降低了 $(1+AF)$ 倍，但当外界因素有相同的变化时，放大倍数的相对变化 $\mathrm{d}A_f/A_f$ 却只有无负反馈时的 $1/(1+AF)$，可见负反馈放大电路的稳定性提高了。

3）减小非线性失真

引入负反馈以后，可将输出端的失真信号反送到输入端，使净输入信号发生某种程度的失真，但经过放大后，可使输出信号的失真得到一定程度的补偿。从本质上说，负反馈是利用失真时的波形来改善波形的失真，因此，只能减小失真，不能完全消除失真。

4）抑制噪声

对放大器来说，噪声是有害的。噪声电压可以视为由于器件的非线性所引起的高次谐波电压。显然，负反馈的引入使有效电压和噪声电压一同减小。但是噪声电压是固定的，而有效信号可以人为地增加，这样就提高了信号噪声比。这就是负反馈能抑制噪声的根本原因。

5）扩展频带

频率响应是放大电路的重要特征之一，而频带宽度是放大电路的技术指标，在某些场合下，往往要求有较宽的频带。引入负反馈是展宽频带的有效措施之一。由于在深度负反馈时，$A_f = \dfrac{A}{1+AF} \approx \dfrac{1}{F}$，此时放大器的倍数只与反馈网络的参数有关。如果反馈网络里不含 L、C 等电抗元件，而仅由若干电阻构成，则可近似地认为反馈放大器的放大倍数为一常数，即可使频带增宽，如图 2.6.5 所示。

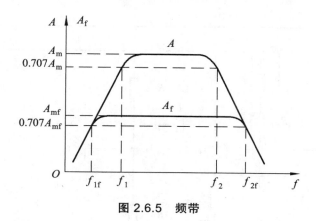

图 2.6.5 频带

在图 2.6.5 中，无负反馈放大电路的频带下限输出频率为 f_1，上限输出频率为 f_2；有负反馈时的放大电路下限输出频率为 f_{1f}，上限输出频率为 f_{2f}，可见，引入负反馈时放大电路的放大倍数 A_f 小于无负反馈放大电路的放大倍数 A，但频带增宽。

6）对输入、输出电阻的影响

① 输入电阻 r_{if}。

带负反馈的放大电路的输入电阻取决于反馈网络与基本放大电路输入端的连接方式（串联还是并联），与取样对象（电流还是电压）无关。

串联负反馈 由于输入电压 u_i 和反馈信号电压 u_f 在输入回路中的连接方式为串联，则放大电路的净输入电压 $u_d = u_i - u_f < u_i$，结果导致输入电流 i_i 减小，从而引起输入电阻 $r_{if} = \dfrac{u_i}{i_i}$ 比无反馈时（即无反馈放大电路净输入电压 $u_d = u_i$）的输入电阻增高。

并联负反馈 由于输入电流 $i_i = i_d + i_f$ 的增加，输入电阻 r_{if} 减小。

② 输出电阻 r_{of}。

输出电阻 r_{of} 的增高还是降低与是电流反馈还是电压反馈有关。

电压负反馈 能使输出电压稳定，即能使输出电压随负载的变化减小，具有恒压输出的特性。而输出电压恒定与输出电阻低是密切相关的。显然，这时输出电阻 r_{of} 比无反馈时的输出电阻 r_o 小。

电流负反馈 能使输出电流稳定，即能使输出电流随负载的变化减小，这点只有在输出电阻 r_{of} 比没有电流负反馈时的输出电阻 r_o 大很多时才能成立，所以放大电路引入电流负反馈后，输出电阻增大了。

3. 两级阻容耦合负反馈放大电路

如图 2.6.6 所示两级阻容耦合放大电路中，其反馈电路有：

电阻 R_{E11}、R_{E12} 为 T_1 管本级放大电路的串联电流负反馈；电阻 R_{E21}、R_{E22} 为 T_2 管本级放大电路的串联电流负反馈；电阻 R_{fW1}、R_f 为 T_1 与 T_2 管级间放大电路的串联电压负反馈。

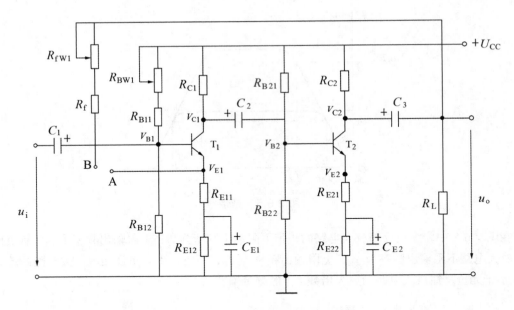

图 2.6.6　负反馈放大电路

2.6.3　预习内容

（1）预习实验内容及原理，明确实验目的。

（2）预习实验放大电路的静态工作点的测试方法及示波器的测试原理。

（3）预习放大电路的输入电阻、输出电阻、电压放大倍数的测试方法。

（3）计算接入电阻 R_{fW1}、R_f 放大电路的闭环电压放大倍数 A_{uf} 和无 R_{fW1}、R_f 电阻时放大电路的开环电压放大倍数 A_u。

（4）撰写预习报告。

2.6.4　实验仪器、仪表和装置

实验仪器、仪表和装置包括：万用表、函数发生器、双踪示波器、晶体管毫伏表、直流稳压电源、电子实验箱。

2.6.5　实验内容及步骤

根据图 2.6.6 所示的放大实验电路，完成测量电路的接线（注：A 点连接 B 点），确认无误后，可接通电源 U_{CC} 的开关。电路器件参数为：$R_{B11} = R_{B21} = 51\,\text{k}\Omega$，$R_{B12} = R_{B22} = 10\,\text{k}\Omega$，$R_{C1} = R_{C2} = 5.1\,\text{k}\Omega$，$R_{E11} = R_{E21} = 240\,\Omega$，$R_{E12} = R_{E22} = 750\,\Omega$，$R_f = 2\,\text{k}\Omega$，$R_L = 4.7\,\text{k}\Omega$，$C_1 = C_2 = C_3 = 1\,\mu\text{F}$，$C_{E1} = C_{E2} = 47\,\mu\text{F}$，$U_{CC} = 12\,\text{V}$，三极管型号为 2N3904。

1. 静态工作点的调试

（1）观测不失真放大波形。

① 调节信号源 u_S 输出的电压 U_S 及频率 f，并测试放大电压电路输入信号的有效值电压 U_i 和信号频率 f（实验参考值 $U_i = 5\,mV$，$f = 1\,kHz$）。

② 用示波器观测放大电路的输出电压 u_o 的波形是否失真，若出现波形失真，则调节偏置电阻参数 R_{BW1} 的大小，使示波器上所观察到的电压 u_o 的波形不失真。

（2）在输出电压 u_o 的波形不失真的条件下，测量放大电路的静态工作点参数，并记录于表 2.6.1 中。

表 2.6.1　放大电路静态工作点测量值表

$U_i =$			$f =$		
第一级			第二级		
V_{B1}/V	V_{C1}/V	V_{E1}/V	V_{B2}/V	V_{C2}/V	V_{E2}/V

2. 测定基本放大电路的性能

（1）无级间反馈放大电路的性能测试。

实验测量电路如图 2.6.7 所示。

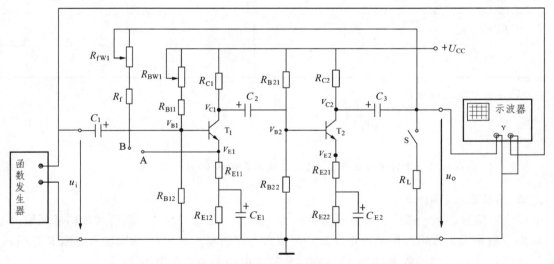

图 2.6.7　电压放大倍数 A_u 和输出电阻 r_o 测量原理图

① 测量电压放大倍数 A_u 和输出电阻 r_o。

仪表测试法： 分别用仪表测量放大电路接入负载电阻 R_L 和负载开路（即开关 S 打开）时的输入信号电压 u_i、输出电压 u_o 值，并记录于表 2.6.2 中。则基本放大电路的电压放大倍数 A_u 为

$$A_u = \frac{u_o}{u_i}$$

输出电阻 r_o 的计算公式为

$$r_o = \left(\frac{u_o}{u_{oL}} - 1 \right) R_L$$

其中，u_o 为负载 $R_L = \infty$ 时输出电压值；u_{oL} 为接上负载 R_L 时输出电压值。

示波器测试法：用示波器进行测试，即分别用示波器测量放大电路接入负载电阻 R_L 和负载开路时，输入电压峰值 U_{ip} 和输出电压峰值 U_{op}，并记录于表 2.6.2 中。示波器测试出的基本放大电路的电压放大倍数为

$$A_u = \frac{U_{0p}}{U_{ip}}$$

输出电阻 r_o 的计算公式为

$$r_o = \left(\frac{U_{oP}}{U_{oLP}} - 1 \right) R_L$$

其中，U_{oP} 为负载 $R_L = \infty$ 时输出电压的峰值；U_{oLP} 为接上负载 R_L 时输出电压的峰值。

表 2.6.2   电压放大倍数和输入输出电阻的测量及计算表

项 目	$f = 1 \text{ kHz}$			
	U_i / V	U_o / V	A_u	r_o / Ω
$R_L =$				
$R_L = \infty$				

注：输出电阻 r_o 的计算公式为

$$r_o = \left(\frac{U_o}{U_{oL}} - 1 \right) R_L$$

其中，U_o 为负载 $R_L = \infty$ 时输出电压值；U_{oL} 为接上负载 R_L 时输出电压值。

② 测量输入电阻 r_i。

在输入信号源 u_S 与放大电路之间串接一个电阻 R（见图 2.6.8），然后增加信号源输出电压 u_S 的同时测量放大电路的输入电压 U_i'，使放大电路的输入电压 U_i' 与未接入电阻 R 时相同，即 $U_i' = U_i$，并记录测量数据 U_S 和 U_i，则计算放大电路的输入电阻为

$$r_i = \frac{U_i}{\dfrac{U_S - U_i}{R}} = \frac{U_i}{U_S - U_i} \cdot R$$

③ 测量放大电路的频率特性。

实验电路如图 2.6.8 所示，负载开关 S 断开，设置函数发生器输入信号的正弦波电压幅值为 $U_i = 5 \text{ mV}$。

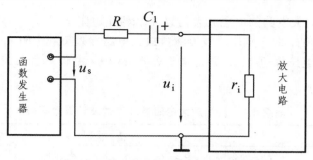

图 2.6.8　放大电路输入电阻测量原理图

在保持函数发生器输入正弦波信号电压 $u_i = 5$ mV 不变的条件下，调节函数发生器输出频率 f（由低到高调节），其要求如表 2.6.3 所示。同时，用示波器测试输出电压的峰值 U_{0p}，并将对应的测量频率 f 和输出电压的峰值 U_{0p} 记录于表 2.6.3 中（注意：特性弯曲部分应多测几个点）。

由于输入正弦波信号电压 $U_{ip} = \sqrt{2} \times 5$ mV 在实验过程中保持不变，所以，放大电路的上限频率 f_H 和下限频率 f_L，可通过测量输出电压的峰值 U_{0p} 得到，即当测量输出电压峰值 U'_{0p} 约为 $0.7U_{0p}$ 时，函数信号发生器所对应的输出频率分别为上限频率 f_H 和下限频率 f_L。即

$$U'_{op} = \frac{A_u}{\sqrt{2}} U_{ip}$$

表 2.6.3　频率特性测试参数表

项目	$A_u < \dfrac{A_u}{\sqrt{2}}$	$A_u = \dfrac{A_u}{\sqrt{2}}$	$A_u > \dfrac{A_u}{\sqrt{2}}$	A_u	$A_u > \dfrac{A_u}{\sqrt{2}}$	$A_u = \dfrac{A_u}{\sqrt{2}}$	$A_u < \dfrac{A_u}{\sqrt{2}}$
f/Hz							
U_{op}/V							

（2）有级间负反馈放大电路性能测试（连接 A、B 点，如图 2.6.9 所示）。

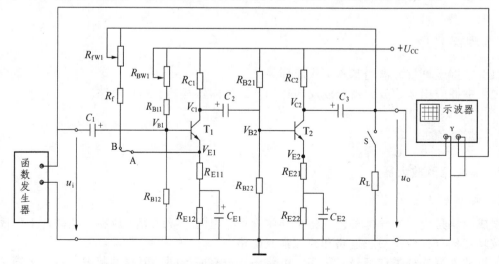

图 2.6.9　负反馈放大电路电压放大倍数 A_u 和输出电阻 r_o 测量原理图

① 测量负反馈放大电路的电压放大倍数 A_u 和输出电阻 r_o。

用示波器进行测试，即分别用示波器测量放大电路接入负载电阻 R_L 和负载开路时，输入电压峰值 U_{ip} 和输出电压峰值 U_{op}，并记录于表 2.6.4 中。并计算负反馈放大电路的电压放大倍数 A_u 和输出电阻 r_o。

表 2.6.4   反馈放大电路性能测试及计算数据表

项目	$f = 1$ kHz			
	U_{ip} /V	U_{op} /V	A_{uf}	r_{of} /Ω
$R_L =$				
$R_L = \infty$				

② 测量输入电阻 r_{if}。

测试原理如图 2.6.8 所示，其放大电路为有负反馈的放大电路，如图 2.6.9 所示。实验步骤要求、测量变量和输入电阻 r_{if} 计算式等以前面相同。

2.6.6   实验报告

（1）整理实验测量数据，画出频率特性曲线图，分别列出 *A*、*B* 点"断开"和"连接"时的静态工作点和动态性能的计算表达式，并画出其微变等效电路。

（2）根据实验测试数据结果，比较基本放大电路与负反馈放大电路之间的性能差异。分析总结负反馈对放大电路性能的影响。

（3）将静态值的测量数据与计算值进行比较。

（4）将输入电阻、输出电阻、电压倍数的测量数据与计算值进行比较。

（5）写出实验体会。

2.7   运算放大器的线性应用（1）

2.7.1   实验目的

（1）掌握运算放大器的基本工作原理。

（2）掌握应用运算放大器组成反向比例器、反向器等基本运算电路。

2.7.2   实验原理

1. 集成运算放大器

1）运算放大器的组成

集成电路是应用半导体工艺，将半导体管子、电阻、导线等集成在一块硅片上的固体器件，按功能的分为数字集成电路和模拟集成电路。

运算放大器的种类和型号有很多，电路形式也有所不同，但归纳起来，可分为简单型、通用型和专用型 3 种，其内部结构如框图 2.7.1 所示。

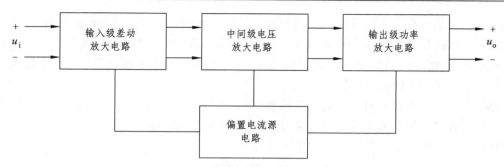

图 2.7.1　集成运算放大器结构框图

（1）输入级：通常采用差动放大电路，以抑制零漂，提高输入电阻。

（2）中间放大级：一级或多级电压放大电路，要求其放大倍数高，一般多为共射级或差动放大电路。

（3）输出级：一般采用电压跟随器或互补对称放大电路，以降低输出电阻，提高输出电压及输出功率。

（4）偏置电流源电路：可提供几乎不随温度变化而变化的稳定偏置电流，以稳定工作点。

2）运算放大器的线性特性

（1）图形符号。

根据国家标准，运算放大器的图形符号如图 2.7.2 所示。

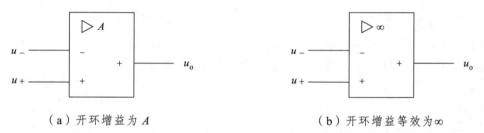

　　　　（a）开环增益为 A　　　　　　　　　　　　　（b）开环增益等效为 ∞

图 2.7.2　集成运算放大器的图形符号

其中："$-$"端为反相输入端，"$+$"端为同相输入端，它们与"地"之间的电压分别用 u_- 和 u_+ 来表示；长方形框右边引线端为信号输出端 u_o，输出信号可用输出端对"地"电压 u_o 来表示；框内"三角形"表示集成运算放大器是"放大器件"；"A"为放大器未接反馈电路时的电压放大倍数，称为开环电压增益或开环电压放大倍数，即

$$A = -\frac{u_o}{u_- - u_+}$$

实际运算放大器的开环电压增益 A 很高，一般为 $10^3 \sim 10^7$（$60 \sim 140$ dB）。因此在不特别关心其数值的场合，开环增益 A［如图 2.7.2（a）所示］可用符号 ∞ 表示，如图 2.7.2（b）所示。

（2）电压传输特性。

放大器的输出信号和输入信号的关系曲线为传输特性，运算放大器的电压传输特性如图 2.7.3 所示。

只有在输入信号 u_i 比较小的范围内，运算放大器的输出信号 u_o 才与 u_i 有线性关系，即

$u_o = -A_o u_i$，关系只存在于坐标原点附近的传输特性的线性运行区。由于运放的开环放大倍数 A 很高，线性区很窄，输入端 u_- 稍高于 u_+，输出端 u_o 就达到负饱和值 $-U_{om}$（大于或等于负电源电压）；反之，u_- 稍低于 u_+，u_o 就达到正饱和值 $+U_{om}$（小于或等于正电源电压）。

（3）线性区的等效电路模型。

在线性区，运算放大器的等效电路模型如图 2.7.4 所示，这是"电压控制电压"的受控源，r_{id} 是运算放大器的输入电阻（一般为几千欧至几兆欧，输入电阻高），r_o 是运算放大器的输出电阻（一般几十至几百欧，输出电阻低）。

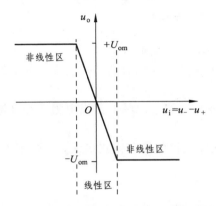
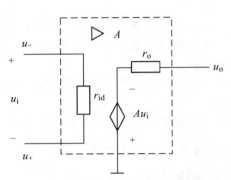

图 2.7.3　运算放大器的电压传输特性　　　　图 2.7.4　运算放大器的等效电路模型

3）理想运算放大器

根据理想运算放大器的主要特征（$A_o \to \infty$、$r_{id} \to \infty$、$r_o \to 0$ 等），当如图 2.7.5 所示的理想运算放大器工作在线性区时，可以得到下面两个重要的特性：

（1）输入电流为零。

"虚短"　　$i_i \approx 0$。

（2）两个输入端子间的电压为零。

"虚断"　　$u_+ \approx u_-$。

这两个特性是分析运算放大器电路的重要依据。运用这两个特性，可大大简化运算放大器应用电路的分析。

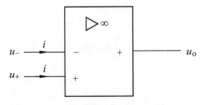

图 2.7.5　理想运算放大器

2. 运算放大器的反相比例运算应用

反相比例运算电路如图 2.7.6 所示。输入信号 u_i 经输入端电阻 R_1 送到反相输入端，而同相输入端通过电阻 R_2 接"地"。反馈电阻 R_f 跨接于输出端和反相输入端之间，形成深度电压并联负反馈。图 2.7.6 所示电路的输出电压与输入电压的比例运算关系式为

$$u_o = -\frac{R_f}{R_1} u_i$$

上式中，负号表示 u_o 与 u_i 反相。如果 R_1 和 R_f 的阻值足够精确，而且运算放大器的电压放大倍数很高，可认为 u_o 与 u_i 间的关系只取决于 R_f 和 R_1 的比值，与运算放大器本身的参数无关，这就保证了比例运算的精度和稳定性。

当输出电压 $u_o = -\dfrac{R_f}{R_1} u_i$ 中的电阻 $R_1 = R_f = R$ 时，"反相比例器" 则为 "反相器"，如图 2.7.7 所示，其输出电压与输入电压的运算关系式为

$$u_o = -u_i$$

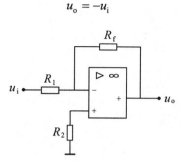
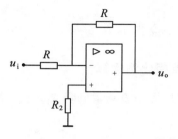

图 2.7.6　反相比例运算电路　　　　　　　　　　　图 2.7.7　反相器电路

3. 电路调零

在理想的运算放大器中，当输入电压 $u_i = 0$ 时，输出电压 $u_o = 0$。但实际应用中，$u_i = 0$ 时，$u_o \neq 0$。如果要使 $u_o = 0$，必须再加入一个补偿电压，这个电压称为失调电压。失调电压将对运算放大器电路产生输出误差，即失调误差。消除失调误差的过程称为电路调零。UA741 可通过引脚 1、5、4 的连接进行调零，如图 2.7.8 所示。

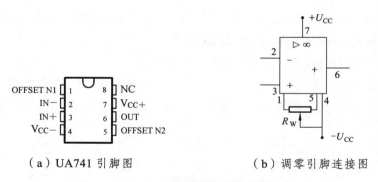

（a）UA741 引脚图　　　　　　　　　　　（b）调零引脚连接图

图 2.7.8　UA741 引脚调零局部连接图

2.7.3　预习内容

（1）预习集成运算放大器的工作原理、电路调零概念，掌握运算放大器的管脚图。

（2）预习实验内容及相关应用电路的工作原理，思考实验电路的电阻参数的大小是否会影响运算放大器的工作状态（即工作在 "线性区" 或 "非线性区"）。

（3）预习直流稳压电源、函数发生器、示波器的操作方法及注意事项。

（4）预习实验电路 "共地" 的概念。

（5）撰写预习报告。

2.7.4　实验仪器、仪表和装置

实验仪器、仪表和装置包括：万用表、函数发生器、双踪示波器、晶体管毫伏表、直流稳压电源、电子实验箱。

2.7.5　实验内容及步骤

1. 反相比例运算

（1）用万用表测量电阻 R_1、R_2、R_f 的值，并记录于表 2.7.1 中。

注意：

① 切勿带电测量电阻值。

② 电阻 R_1、R_2、R_f、R_W 的参考值为 10 kΩ、9 kΩ、100 kΩ、10 kΩ。

（2）将直流稳压源的两个电流调节旋钮顺时针调节到最大；打开电源开关，调节稳压源输出电压旋钮，使其输出电压为 $U_{CC} = \pm 15\text{ V}$，然后关闭稳压源的电源，待用。

（3）打开函数发生器电源开关，调节输出信号为直流电压，电压值为 0 V，待用。

（4）按图 2.7.9 接线，R_W 调节到中间位置，确保电路连接无误后，打开稳压电源开关，用万用表测量输出端电压 u_o。通过调节 R_W 使电压 u_o 值为零。

注意：

① 用万用表的直流挡位测量电压 u_o。即先用 6 V 量程预测，根据预测电压值，再改变万用表的量程为 600 mV 或 60 mV 进行测量调零。

② 不能用万用表的电流、电阻测量挡位测量电压。

③ 万用表的测试"红笔"接图 2.7.9 中电压 u_o 的输出端，"黑笔"接零电位"⊥"端。

（5）在图 2.7.9 中接入函数发生器直流信号 u_i，如图 2.7.10 所示。

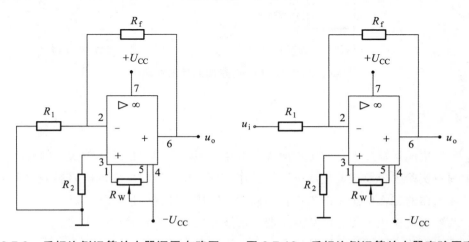

图 2.7.9　反相比例运算放大器调零电路图　　图 2.7.10　反相比例运算放大器实验原理图

（6）缓慢调节函数发生器，使运算放大器输入信号电压 u_i 在 − 1 ~ + 1 V 取 7 个点（如表

3.4.1 所示），并同步用万用表测试输出电压 u_o，记录于表 2.7.1 中。

表 2.7.1　反相比例运算放大电路参数测试表

项目	$R_1 =$		$R_f =$	$R_2 =$	$U_{CC} = \pm15$ V		
u_i/V	− 1	− 0.8	− 0.3	0	+ 0.3	+ 0.8	+ 1
u_o/V							
A_f							

2. 反相比例器的传输特性测试

（1）将函数发生器从图 2.7.10 中拆开，调节函数发生器输出信号为正弦交流电压信号，其电压有效值为 2 V。

（2）将函数发生器再次接入的 2.7.10 中，用示波器观测输出与输入的传输特性，并记录其传输特性波形及正、负向饱和电压和相关的坐标值。示波器的测量电路如图 2.7.11 所示。

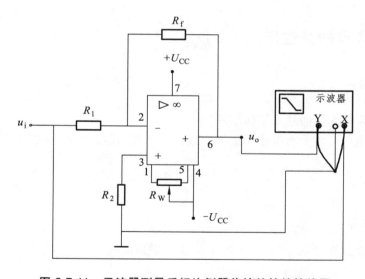

图 2.7.11　示波器测量反相比例器传输特性的接线图

注意：

① 示波器改为 X-Y 工作方式。

② 选择适当的 X 轴和 Y 轴衰减值。

3. 反相器运算电路

（1）从图 2.7.11 中将函数发生器、示波器拆开，关闭直流稳压电源开关。更改电路电阻参数 R_1、R_2、R_f 为 $R_1 = R_f = R = 100$ kΩ、$R_2 \approx \dfrac{R_1}{2}$。其反相器原理电路如图 2.7.7 所示。

（2）打开直流稳压电源开关，接入函数发生器信号，用示波器分别测量输入信号 u_i 和输出信号 u_o，并记录观测波形结果。

注意示波器工作方式的选择。

4．测量结束后操作

数据测量完成，测量数据经指导教师检查合格后，关闭电源，拆线。将所用的实验仪器、仪表及器件整理放置好，导线整理好。

2.7.6　实验报告

（1）分析实验测试数据表和波形图，并计算其电压放大倍数 A_f。

（2）画出反相比例器电路的电压传输特性曲线，并根据测量的电压传输特性，指出其反相比例运算放大电路的线性动态范围。

（3）讨论同相运算放大电路与反相运算放大电路有什么异同。

（4）写出实验体会。

2.8　运算放大器的线性应用（2）

2.8.1　实验目的

（1）掌握运算放大器的基本工作原理。

（2）掌握应用运算放大器组成加法器、减法器等基本运算电路的方法。

2.8.2　实验原理

1．反相加法器

反相比例加法运算电路如图 2.8.1 所示，其运算关系式为

$$u_o = -\left(\frac{R_f}{R_{11}} u_{i1} + \frac{R_f}{R_{12}} u_{i2} \right)$$

当电阻 $R_{11} = R_{12} = R_1$ 时，则上式为

$$u_o = -\frac{R_f}{R_1}(u_{i1} + u_{i2})$$

当电阻 $R_1 = R_f = R$ 时，简化为如图 2.8.2 所示反相加法运算电路，其运算关系式为

$$u_o = -(u_{i1} + u_{i2})$$

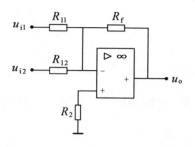

图 2.8.1　反相比例加法运算电路

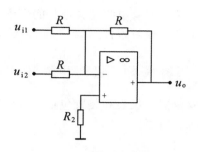

图 2.8.2　反相加法运算电路

2. 差动运算放大电路（减法运算电路）

差动运算放大电路如图 2.8.3 所示，其运算关系式为

$$u_o = \left(1 + \frac{R_f}{R_1}\right)\frac{R_3}{R_2 + R_3} \cdot u_{i2} - \frac{R_f}{R_1}u_{i1}$$

当图 2.8.3 中电阻 $R_1 = R_2$ 和电阻 $R_f = R_3$ 时，上式为

$$u_o = \frac{R_f}{R_1}(u_{i2} - u_{i1})$$

当图 2.8.3 中电阻 $R_1 = R_2 = R_3 = R_f = R$ 时，简化为如图 2.8.4 所示的减法器电路，其运算关系为

$$u_o = u_{i2} - u_{i1}$$

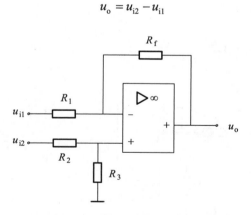

图 2.8.3　差动运算放大电路

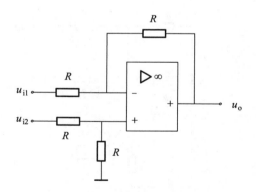

图 2.8.4　减法器

2.8.3　预习内容

（1）预习实验内容、电路及原理，思考实验电路的电阻参数的大小是否会影响运算放大器的工作状态（即工作在"线性区"或"非线性区"）。

（2）预习测试仪器、仪表等测量方式、操作方法及注意事项。

（3）预习实验电路"共地"的概念。

（4）撰写预习报告。

2.8.4　实验仪器、仪表和装置

实验仪器、仪表和装置包括：万用表、函数发生器、双踪示波器、晶体管毫伏表、直流稳压电源、电子实验箱。

2.8.5　实验内容及步骤

1. 反相加法运算放大电路

（1）用万用表测量电阻 R_{11}、R_{12}、R_f、R_2 的值，并记录于表 2.8.1 中。

注意：电阻 R_{11}、R_{12}、R_f、R_2、R_W 的参考值为 10 kΩ、10 kΩ、100 kΩ、5.1 kΩ、10 kΩ。

（2）将直流稳压源的两个电流调节旋钮顺时针调节到最大；打开电源开关，调节稳压源输出电压旋钮，使其输出电压为 U_{CC} = ±15 V，然后关闭稳压源的电源，待用。

（3）打开函数发生器电源开关，调节双路 CH1、CH2 输出信号为直流电压，电压值均为 0 V，待用。

（4）按图 2.8.5（a）接线，R_W 调节到中间位置，确保电路连接无误后，打开稳压电源开关，用万用表测量输出端电压 u_o。通过调节 R_W 使电压 u_o 值为零。

注意：

① 用万用表的直流挡位测量电压 u_o。即先用 6 V 量程预测，根据预测电压值，再改变万用表的量程为 600 mV 或 60 mV 进行测量调零。

② 不能用万用表的电流、电阻测量挡位测量电压。

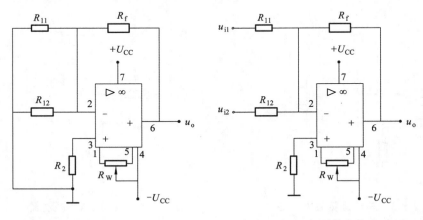

（a）调零电路图　　　　　　　　（b）反相加法运算放大电路图

图 2.8.5　反相比例运算放大器

（5）在图 2.8.5（a）中接入函数发生器的直流信号，如图 2.8.5（b）所示。

（6）任意选择 4 组输入 u_{i1}、u_{i2} 的数据，其中有 3 组数据必须满足以下条件：

$$|u_o| = \left| -\left(\frac{R_f}{R_{11}}u_{i1} + \frac{R_f}{R_{12}}u_{i2} \right) \right| < |U_{CC}|$$

另一组数据则满足：

$$|u_o| = \left| -\left(\frac{R_f}{R_{11}}u_{i1} + \frac{R_f}{R_{12}}u_{i2} \right) \right| > |U_{CC}|$$

或按指导老师给定的 4 组输入 u_{i1}、u_{i2} 的数据进行实验。

缓慢调节函数发生器的 u_{i1}、u_{i2}，并测试 u_{i1}、u_{i2}、u_o 的值，记录于表 2.8.1 中。

表 2.8.1　反相加法运算放大电路参数测试表

项　　目	$R_{11} =$	$R_{12} =$	$R_f =$	$R_2 =$	$U_{CC} = \pm 15$ V
u_{i1} /V					
u_{i2} /V					
u_o /V					

（7）确认测量数据无误后，拆除函数发生器信号，关闭直流稳压电源。

2.　反相减法运算放大电路

（1）用万用表测量电阻 R_1、R_2、R_3、R_f 的值，并记录于表 2.8.2 中。

注意：电阻 R_1、R_2、R_3、R_f、R_w 的参考值分别为 10 kΩ、10 kΩ、100 kΩ、100 kΩ、10 kΩ。

（2）按图 2.8.6 接线。

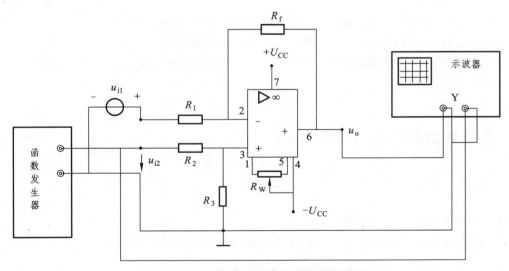

图 2.8.6　反相减法运算放大电路电路图

① 将 R_w 调节到中间位置，将电路的信号输入端对地短接，确保电路连接无误后，打开稳压电源开关，用万用表测量输出端电压 u_o。通过调节 R_w 使电压 u_o 值为零。

注意：函数发生器的输入端不能短接。

② 接入函数发生器信号，其输出信号如表 2.8.2 所示。

（3）用双踪示波器观测，如表 2.8.2 中所示各个输入信号 u_{i1}、u_{i2} 所对应的输出信号 u_o 的波形及参数。

注意：观测 u_{i1}、u_{i2}、u_o 信号的最大值、最小值。

表 2.8.2　反相减法运算放大电路参数测试表

项　　目	$R_1 = R_2 =$		$R_3 = R_f =$		$U_{CC} = \pm 15\ V$	
u_{i1} /V	2	3	$0.2\sqrt{2}\sin 1000t$		$0.2\sqrt{2}\sin 1000t$	
u_{i2} /V	3	2	0.6		$\sqrt{2}\sin 1000t$	
u_o /V			最大值	最小值	最大值	最小值
u_{i1} 的波形	—	—				
u_{i2} 的波形	—	—				
u_o 的波形	—	—				

3. 测量结束后操作

数据测量完成，测量数据经指导教师检查合格后，关闭电源，拆线。将所用的实验仪器、仪表及器件整理放置好，导线整理好。

2.8.6　实验报告

（1）根据表 2.8.1 中的测量数据，讨论运算放大器线性应用注意事项。
（2）同相加法运算放大电路与反相加法运算放大电路有什么异同？
（3）分析表 2.8.2 中的实验测试数据和波形图，并用坐标纸绘出 u_{i1}、u_{i2} 和 u_o 的波形。
（4）写出实验体会。

2.9　运算放大器的线性应用（3）

2.9.1　实验目的

（1）掌握集成运算放大器的基本特性。
（2）根据集成运算放大器的线性原理，实现微分、积分运算应用。

2.9.2　实验原理

1. 积分运算电路

微积分运算是利用电容的充放电来实现的。

（1）反相积分运算放大电路。

反相比例积分运算放大电路如图 2.9.1 所示。其输入 u_i 与输出 u_o 运算关系式为

$$u_o = -\frac{1}{R_1 C}\int u_i \mathrm{d}t$$

上式表明，u_o 与 u_i 的积分成正比例关系。平衡电阻 $R_2 = R_1$。

（2）求和积分运算放大电路。

求和积分运算放大电路如图 2.9.2 所示。其输入 $u_i\, u_i$ 与输出 u_o 的运算关系式为

$$u_o = -\int\left(\frac{1}{R_{11}C}u_{i1} + \frac{1}{R_{12}C}\cdot u_{i2}\right)\mathrm{d}t$$

若电阻 $R_{11} = R_{12} = R$，则

$$u_o = -\frac{1}{RC}\int(u_{i1}+u_{i2})\mathrm{d}t$$

图 2.9.2 所示电路的平衡电阻为

$$R_2 = R_{11} /\!/ R_{12}$$

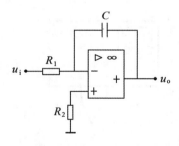 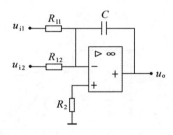

图 2.9.1　反相积分运算放大电路原理图　　图 2.9.2　求和积分运算放大电路原理图

2. 微分运算电路

微分运算是积分运算的逆运算，其电路如图 2.9.3 所示。其输入 u_i 与输出 u_o 的运算关系为

$$u_o = -R_f C\frac{\mathrm{d}u_i}{\mathrm{d}t}$$

即输出电压 u_o 与输入电压 u_i 对时间的一阶导数成比例。

2.9.3　预习内容

（1）预习微分、积分运算放大电路的工作原理，思考改变电路中的电阻、电容参数值大小，对输出的影响，即

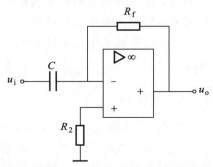

图 2.9.3　微分运算原理图

对时间常数 τ 的影响。

（2）预习实验内容、步骤和相关的测试仪器、仪表。

（3）预测输出波形的变化规律。在如图 2.9.1 所示电路中，当输入 u_i 为方波信号时，输出 u_o 是什么波形？如增大电容量 C，则输出 u_o 的波形如何变化？减小方波频率输出 u_o 的波形又如何变化？

（4）撰写预习报告。

2.9.4 实验仪器、仪表和装置

实验仪器、仪表和装置包括：万用表、函数发生器、双踪示波器、晶体管毫伏表、直流稳压电源、电子实验箱。

2.9.5 实验内容及步骤

1. 积分器

按图 2.9.4 接线，其中电容 $C = 0.1\,\mu\text{F}$，电阻 $R_1 = R_2 = 10\,\text{k}\Omega$，完成以下实验任务。

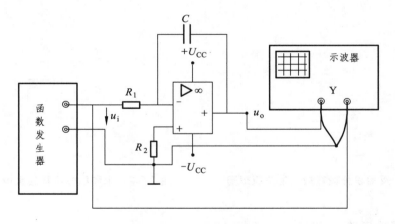

图 2.9.4 积分运算放大电路

（1）函数发生器输出方波信号，其幅值为 $U_{im} = \pm 2\,\text{V}$，频率为 $f = 1\,\text{kHz}$，试用双踪示波器同时观察输入电压 u_i 和输出电压 u_o 的波形，并记录其波形。

（2）改变输入电压 u_i 的频率为 $f = 500\,\text{Hz}$，观察输出电压 u_o 的波形有何变化，并记录其波形。

2. 微分器

按图 2.9.5 接线，其中电容 $C = 0.1\,\mu\text{F}$，电阻 $R_1 = R_2 = 10\,\text{k}\Omega$，完成以下实验任务。

（1）函数发生器输出三角波信号，其幅值为 $U_{im} = \pm 2\,\text{V}$，频率为 $f = 1\,\text{kHz}$，试用双踪示波器同时观察输入电压 u_i 和输出电压 u_o 的波形，并记录其波形。

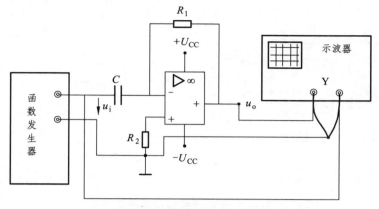

图 2.9.5　微分运算放大电路

（2）改变输入电压信号 u_i 的频率，使之增大或减小，观测输出电压信号 u_o 的变化及失真情况，并记录其变化规律和波形。

2.9.6　实验报告

（1）分别写出如图 2.9.4 和 2.9.5 所示积分、微分运算放大实验电路的时间常数 τ 的计算式。

（2）分析时间常数 τ、输入信号频率 f、输出信号电压 u_o 三者间的关系，即当输入信号频率 f 变化时，时间常数 τ 对输出信号电压 u_o 的影响，什么情况下会发生失真？并写出积分、微分时，时间常数 τ 选择的条件式（提示：时间常数 τ 的选择受到运算放大器最大输出电压的限制）。

（3）整理实验数据和波形，并与理论数据进行比较、分析。

（4）写出实验体会。

2.10　*RC* 正弦波振荡电路

2.10.1　实验目的

（1）掌握 *RC* 正弦波振荡电路的工作原理及基本特性。

（2）掌握 *RC* 正弦波振荡电路设计及元件参数选择的方法。

（3）掌握 *RC* 正弦波振荡电路的调试步骤及方法。

2.10.2　实验原理

1. *RC* 桥式振荡电路原理图

如图 2.10.1 所示电路是 *RC* 桥式振荡电路的原理电路，它是一种低频正弦波振荡器，其振荡频率一般可为 1 Hz 到几百 kHz。

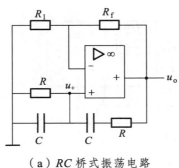 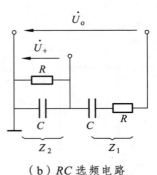

（a）RC 桥式振荡电路　　　　　　　（b）RC 选频电路

图 2.10.1　RC 桥式振荡电路原理图

RC 桥式振荡电路由两部分组成，即振荡器的放大电路和正反馈选频网络。

放大电路： 由集成运算放大器和串联电压负反馈支路（由电阻 R_1、R_f 构成）组成的串联式电压负反馈放大电路，其特点为输入阻抗高、输出阻抗低。

选频网络： 由电阻 R 和电容 C 组成的 RC 桥式振荡选频网络，其选频网络具有正反馈特性，称为正反馈选频网络。

2. 选频特性

RC 选频电路如图 2.10.1（b）所示。

RC 串联阻抗 Z_1 为

$$Z_1 = R + \frac{1}{j\omega C}$$

RC 并联阻抗 Z_2 为

$$Z_2 = \frac{R \cdot \dfrac{1}{j\omega C}}{R + \dfrac{1}{j\omega C}} = \frac{R}{1 + j\omega CR}$$

正反馈电压 $\dot{U}_+$ 为

$$\dot{U}_+ = \frac{\dot{U}_o}{Z_1 + Z_2} Z_2 = \frac{\dot{U}_o}{3 + j\left(\omega RC - \dfrac{1}{\omega RC}\right)}$$

当正反馈电压 $\dot{U}_+$ 表达式中 $\omega RC = \dfrac{1}{\omega RC}$ 时，正反馈电压 $\dot{U}_+$ 为最大值，$\dot{U}_+$ 与输出电压 $\dot{U}_o$ 同相，即

$$\dot{U}_+ = \frac{1}{3}\dot{U}_o$$

此时角频率称为振荡角频率 ω_o，即

$$\omega_o = \frac{1}{RC}$$

振荡频率 f_0 为

$$f_0 = \frac{1}{2\pi RC}$$

振荡电路的起振幅值条件为

$$\dot{A}_{Vf} = \frac{\dot{U}_o}{\dot{U}_+} \geqslant 3$$

解图 2.10.1（a）电路得

$$\dot{A}_{Vf} = \frac{\dot{U}_o}{\dot{U}_+} = \frac{\dfrac{\dot{U}_+}{R_1}(R_1 + R_f)}{\dot{U}_+} = \frac{R_1 + R_f}{R_1} \geqslant 3$$

即

$$\frac{R_f}{R_1} \geqslant 2$$

电路开始振荡时，A_{Vf} 略大于 3，当振荡达到稳定平衡状态时，$A_{Vf} = 3$，$\omega_o = \dfrac{1}{RC}$。

对于 RC 桥式振荡电路的振荡频率 f_0，可通过调整正反馈选频电路中的电阻 R、电容 C 值实现。通常采用双连电位器或双连电容器来改变电阻 R、电容 C 值，从而达到改变振荡频率 f_0 的目的。

3. 振荡幅值的稳定

当 RC 桥式振荡电路满足 A_{Vf} 略大于 3 的条件起振以后，其振幅会不断增加，直至受到运算放大器的最大输出电压的限制，使输出电压 u_o 的波形产生非线性失真。另外，环境温度的改变或电源电压的波动，仍有可能破坏振荡的稳定平衡状态，造成振荡波形失真或停振的现象。因而常常采取一系列稳幅的措施，设法维持 u_o 的幅值基本不变。

通常可以利用二极管和稳压管的非线性特性，来自动地稳定振荡器输出的幅值，如图 2.10.2 所示。在 R_{f1} 两端并联两个二极管 D_1、D_2，用来稳定振荡器的输出 u_o 的幅值。由于二极管是非线性元件，当振荡幅度较小时，流过二极管的电流较小。对应的二极管的等效电阻 R_d 增大；同理，当振荡幅度增大时，流过二极管的电流增大，此时二极管的等效电阻减小，这样反馈电阻 $R_f = R_{f2} + R_{f1}//R_d$ 亦随之而变，则改变放大倍数 A_{Vf}，从而达到稳定幅度的目的。

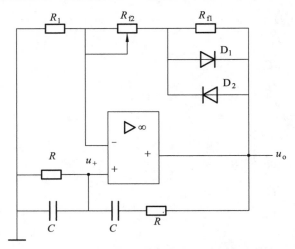

图 2.10.2　具有稳幅措施的 RC 桥式振荡电路

4. 电路阻容参数的确定

一般在设计振荡电路时，振荡频率条件是设计电路的主要依据。下面讨论图 2.10.1（a）所示电路中各元件参数确定的原理。

（1）选频网络的电阻 R、电容 C 值。

① 根据振荡频率 $f_0 = \dfrac{1}{2\pi RC}$ 和设计要求，确定 RC，即

$$RC = \frac{1}{2\pi f_0}$$

一般，为了使选频网络特性尽量不受集成运算放大器的输入电阻 R_i（R_i 为几百千欧以上）和输出电阻 R_o（R_o 为几百欧以下）的影响，应使选频网络电阻 R 满足下列关系：

$$R_i \geqslant R \geqslant R_o$$

② 选频网络电阻 R 还应满足电路的直流平衡条件，即 $R = R_f /\!/ R_1$，减小集成运算放大器的输入失调电流和零点漂移的影响。

③ 选择选频网络的电阻 R、电容 C 时，注意应选择稳定性较好的元件，否则将影响振荡频率 f_0 的稳定性。

（2）负反馈电阻 R_1、R_f 值。

选择电阻 R_1、R_f 值时，应满足振荡电路的起振幅值条件 $\dfrac{R_f}{R_1} \geqslant 2$。为了既能满足起振条件，又能使输出电压 u_o 不产生严重波形失真，通常电阻 R_1、R_f 取值关系为

$$R_f \geqslant (2.1 \sim 2.5) R_1$$

2.10.3　预习内容

（1）预习 RC 桥式振荡电路的工作原理。

（2）预习实验内容、步骤和相关的测试仪器、仪表。

（3）根据实验电路图 2.10.3 中的参数，计算振荡频率 f_0 值。

（4）预习实验电路图 2.10.3，若实验过程中发生 RC 桥式振荡电路不能起振的情况，应调节电路中的哪个元件参数？如何调节？若输出电压 u_o 的波形发生失真，应调节电路中的哪个元件参数？如何调节？

（5）撰写预习报告。

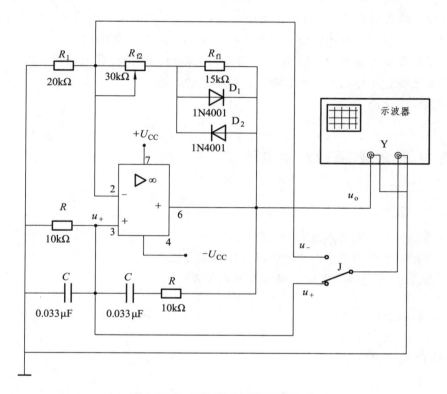

图 2.10.3　RC 桥式振荡实验电路

2.10.4　实验仪器、仪表和装置

实验仪器、仪表和装置包括：万用表、函数发生器、双踪示波器、晶体管毫伏表、直流稳压电源、电子实验箱。

2.10.5　实验内容及步骤

（1）按图 2.10.3 接线，检查无误后接通电源。

（2）用示波器观测输出电压 u_o 的波形图，调节电阻 R_{f2}，使电路起振并且波形失真最小；同时观测调节电阻 R_{f2} 对输出电压 u_o 波形的影响。

（3）用示波器观测输出电压 u_o 的波形的周期、幅值；观测正反馈电压 u_+ 的波形、负反馈

电压 u_- 的波形与输出电压 u_o 的波形的关系，并记录波形，标出幅值、周期、相位关系。

2.10.6　实验报告

（1）论述图 2.10.2 所示电路的工作原理和电阻、电容和二极管的作用。

（2）论述阻容元件参数的确定和元件的选择。

（3）整理实验数据和波形，并画出输出电压 u_o 与正反馈电压 u_+ 的波形、负反馈电压 u_- 的波形，同时，在波形图中标出幅值、周期、相位关系，分析实验测试结果。

（4）将实验测试的振荡频率 f_0 值、u_+ 幅值、u_o 幅值与理论计算值进行比较。

（5）分析实验过程中的问题或故障，讨论解决的方法。

（6）写出实验体会。

2.11　方波-三角波-函数发生电路

2.11.1　实验目的

（1）掌握函数发生器基本电路的工作原理。

（2）掌握函数发生器基本电路的性能指标测试方法。

（3）掌握方波-三角波的周期、幅值的调试方法。

2.11.2　实验原理

1. 方波产生电路

1）方波产生原理

方波产生电路是一种非正弦信号发生电路，如图 2.11.1 所示，其电路能直接自激振荡产生方波或矩形波，又称为多谐振荡电路。

图 2.11.1 所示电路由电压比较器模块（主要是由集成运算放大器产生其功能）、自激振荡电路模块（主要由电阻 R_f 和电容 C 组成的电路设备管理其功能）和限流电路（主要由电阻 R_1、R_2 和双向稳压管组成的电路产生其功能）组成。

在接通电源的瞬间，输出电压 u_o 有可能偏向于正向最大值电压（即 $u_o = +U_z$），也可能偏向于负向最大值电压（即 $u_o = -U_z$）。

设在接通电源的瞬间，$u_o = +U_z$，$u_C(0_+) = 0$ V，通电后电路开始对电容 C 充电，当充电使电容电压 $u_C \geqslant u_+$ 时（即图 2.11.2 中 $t = t_1$），输出电压 u_o 翻转，即 $u_o = -U_z$。电路开始反向充电，如图 2.11.2 所示，$t_1 < t < t_2$ 为反向充电区间，当反向充电使输出电压 $u_C \leqslant u_+'$ 时（即图 2.11.2 中 $t = t_2$），输出电压 u_o 再次翻转，即 $u_o = +U_z$。如图 2.11.2 所示，电路产生方波。

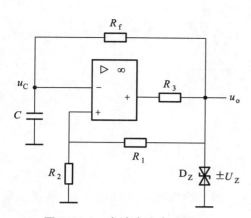

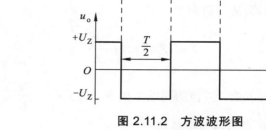

图 2.11.1　方波产生电路图　　　　　　　**图 2.11.2　方波波形图**

2）方波参数计算

（1）比较电压。

对电容 C 正向充电时，同相端的比较电压为

$$u_+ = \frac{U_Z}{R_1 + R_2} R_2$$

对电容 C 反向充电时，同相端的比较电压为

$$u_+' = -\frac{U_Z}{R_1 + R_2} R_2$$

（2）电容 C 电压 u_C。

时间常数 τ 为

$$\tau = R_f C$$

$t = t_1$ 时，电容 C 的电压 $u_C(t_1)$ 为

$$u_C(t_1) = \frac{U_Z R_2}{R_1 + R_2}$$

$t = \infty$ 时，电容 C 的电压 $u_C(\infty)$ 为

$$u_C(\infty) = -U_Z$$

由暂态电路的三要素分析方法得

$$u_C(t) = \left[-U_Z - \frac{R_2}{R_1 + R_2} U_Z \right]\left(1 - \mathrm{e}^{\frac{t - t_1}{R_f C}} \right) + \frac{R_2}{R_1 + R_2} U_Z$$

③ 振荡周期 T。

当 $t_1 \leqslant t \leqslant t_2$ 时，$t_2 - t_1 = \dfrac{T}{2}$，$u_C(t_2) = -\dfrac{R_2}{R_1 + R_2} U_Z$，则电容电压为

$$u_C(t_2) = \left[-U_Z - \frac{R_2}{R_1 + R_2}U_Z\right]\left(1 - e^{\frac{t_2 - t_1}{R_f C}}\right) + \frac{R_2}{R_1 + R_2}U_Z - \frac{R_2}{R_1 + R_2}U_Z$$

$$= \left[-U_Z - \frac{R_2}{R_1 + R_2}U_Z\right]\left(1 - e^{-\frac{T}{2R_f C}}\right) + \frac{R_2}{R_1 + R_2}U_Z$$

解上式得振荡周期为

$$T = 2R_f C \ln\left(1 + \frac{2R_2}{R_1}\right)$$

上式表明，方波的周期（频率）与 $R_f C$ 和 $\dfrac{R_2}{R_1}$ 有关，而与输出电压 u_o 的幅度 $|U_Z|$ 无关，通常改变 R_f 即可调节振荡频率。

2. 方波-三角波产生电路

图 2.11.3 所示电路为常见的方波-三角波产生电路。

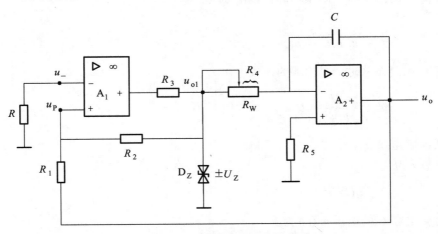

图 2.11.3　方波-三角波产生电路

1）方波-三角波产生原理

（1）方波产生原理。

运算放大器 A_1 与电阻 R、R_1、R_2 构成电压比较器，其比较基准电压 $u_- = 0\,\text{V}$，电阻 R 为平衡电阻，比较器输出 u_{o1} 的波形为方波。

当输出电压 $u_o > 0$ 时，运算放大器 A_1 的输入电压 $u_P > 0$，输出 $u_{o1} = +U_Z$；当输出电压 $u_o < 0$ 时，运算放大器 A_1 的输入电压 $u_P < 0$，即运算放大器 A_1 输出方波电压 u_{o1}，如图 2.11.4 所示。

（2）三角波产生原理。

图 2.11.3 中运算放大器 A_1 输出的方波电压 u_{o1} 是运算放大器 A_2 的输入，则输出电压 u_o 为

$$u_o = \frac{1}{R_4 C} \int u_{o1} dt$$

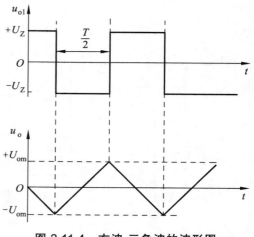

即方波电压 u_{o1} 的积分为三角波电压 u_o。如图 2.11.4 所示。

2）振荡周期的分析

三角波电压 u_o 的幅度为

$$U_{om} = -\frac{u_{o1}}{R_2} \cdot R_1 = \frac{R_1}{R_2} \cdot U_Z$$

三角波发生器的振荡周期 T 为

$$T = \frac{4R_4 R_1 C}{R_2}$$

图 2.11.4　方波-三角波的波形图

2.11.3　预习内容

（1）预习方波、三角波产生电路的工作原理。

（2）预习方波、三角波的振荡周期 T 或频率 f 与电路参数的关系及振荡周期 T 的调试方法，并计算图 2.11.5 电路所产生波形的周期 T 或频率 f 调节范围。

（3）预习实验内容及要求。

（4）预习集成运算放大器的管脚排列及仪器设备的使用方法。

（5）撰写预习报告。

2.11.4　实验仪器、仪表和装置

实验仪器、仪表和装置包括：万用表、函数发生器、双踪示波器、晶体管毫伏表、直流稳压电源、电子实验箱。

2.11.5　实验内容及步骤

（1）按图 2.11.5 接线。根据实验教学规定的周期 T_1（频率 f_1）进行电路参数的调试。

（2）用示波器观测方波输出电压 u_{o1} 和三角波输出电压 u_o 的波形，分别记录其波形的幅值、周期及同一时间坐标下的波形。然后，断电测量电阻 R_4 和 R_{22} 值。

（3）调节电阻 R_{W1}，用示波器观测输出三角波形的幅值 U_{om} 的变化，并使输出三角波形的幅值满足教学规定要求，断电测量电阻 R_{22} 值，并记录其电阻 R_{22} 值。

（4）调节电阻 R_{W2}，用示波器观测输出三角波形的周期的变化，并使输出三角波形的周期满足教学规定的第二个周期 T_2 值要求，断电测量电阻 R_4 值，并记录其电阻 R_4 值。

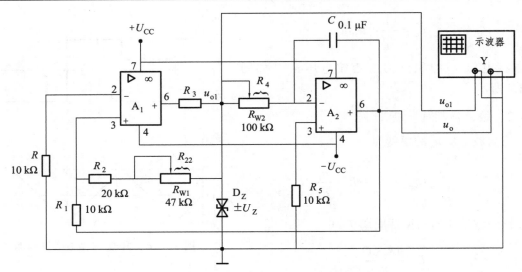

图 2.11.5 方波-三角波产生电路图

2.11.6 实验报告

（1）简要说明实验电路图 2.11.5 的工作原理，说明主要元件在调试输出三角波电压幅值、周期时的作用。

（2）整理测量数据，画出输出方波电压 u_{o1} 的波形和三角波电压 u_o 的波形，并标明周期、幅值等坐标参数值，分析论述其测试结果。

（3）将实验测得的周期 T 和输出电压幅值 U_{om} 分别与理论计算值比较，分析误差产生的原因。

（4）总结实验操作与调试中所出现的问题，并论述解决问题的方法。

（5）写出实验体会。

第 3 章　数字电子技术基础项目

3.1　基本逻辑门芯片的参数与功能测试

3.1.1　实验目的

（1）熟悉 TTL 中、小规模集成电路的封装、管脚排列方式及使用方法。

（2）掌握 TTL 逻辑门电路的主要参数与功能测试方法。

（3）掌握数字系统综合实验箱的基本结构、功能和使用方法。

3.1.2　实验原理

随着科学技术的日益发展和对数字电路不断增长的应用技术要求，集成电路生产厂家积极采用新技术，改进设计方案和生产工艺，朝着提高速度、降低功耗、缩小体积的方向不懈努力，不断推出各种型号的新产品。仅几十年间，数字电路的集成度就从小规模、中规模、大规模发展到超大规模、巨大规模。目前应用最广泛的数字电路是 TTL 和 CMOS 电路，而集成逻辑门是数字电子技术的基本单元部件，对基本逻辑门电路的研究和学习，是进一步认识复杂集成逻辑电路的关键。

1. TTL 与非门

1）TTL 与非门电路的电压传输特性

本实验采用的与非门芯片是 74LS00，其管脚排列如图 3.1.1 所示。TTL 与非门电路的电压传输特性是与非门的输出电压与输入电压之间的关系，它是使用 TTL 与非门电路时必须要了解的基本特性曲线。如图 3.1.2 所示，把与非门的其中一个输入端连接一个可调的直流信号源，另一输入端接高电平，当输入电压 U_i 从 0 逐渐增加到高电平，输出电压便会做出相应的变化，就可以得到如图 3.1.3 所示的与非门电压传输特性。由图 3.1.3 可见，当 U_i 从 0 开始增加时，在一定范围内输出的高电平基本不变，当 U_i 上升到一定数值后，其输出很快下降为低电平。如果 U_i 继续增加，输出的低电平基本不变。

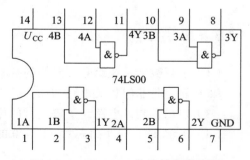

图 3.1.1　74LS00 芯片管脚排列图

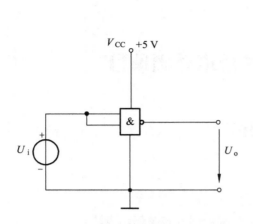

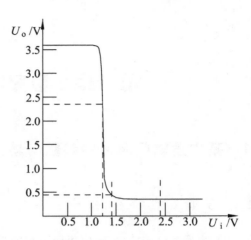

图 3.1.2　TTL 与非门的电压传输特性测量电路　　　图 3.1.3　TTL 与非门的电压传输特性

2）TTL 与非门的主要参数

① 输出高电平 U_{OH}：指输入至少有一个低电平时的输出电平。

② 输出低电平 U_{OL}：指输入端全为高电平时的输出电平。在实际的应用中，通常规定了高电平的下限电压和低电平的上限电压。如 TTL 与非门，当 $V_{CC} = 5$ V 时，$U_{OH} \geqslant 2.4$ V，$U_{OL} \leqslant 0.4$ V。

③ 开门电平 U_{ON} 与关门电平 U_{OFF}：开门电平 U_{ON} 是指输出电平刚刚下降到输出低电平的上限值时的输入电平，它是保证与非门的输出为标准低电平的输入高电平下限值；关门电平 U_{OFF} 是指输出电平刚刚上升到输出高电平的下限值时的输入电平，它是保证与非门的输出为标准高电平的输入低电平上限值。对于 TTL 与非门，一般规定 $U_{ON} = 1.8$ V，$U_{OFF} = 0.8$ V。

④ 低电平噪声容限 U_{NL} 和高电平噪声容限 U_{NH}：噪声容限表征了与非门电路的抗干扰能力。U_{NL} 越大，表示输入低电平时的抗干扰能力越强；U_{NH} 越大则表示输入高电平时的抗干扰能力越强。

⑤ 扇出系数 N：指一个与非门能驱动同类门电路的最大数目，它是用来衡量与非门的带负载的能力。对于 TTL 与非门而言，一般 $N \geqslant 8$ 才被认为是合格的。

3.1.3　预习内容

（1）了解数字系统综合实验箱的基本结构及使用方法。

（2）复习与非门相关电路知识。

（3）熟悉各测试电路，了解测试的原理及测试方法。

（4）了解 TTL 与非门芯片 74LS00 的管脚排列方式。

3.1.4　实验仪器、仪表和装置

实验仪器、仪表和装置包括：直流稳压电源、数字系统综合实验箱、数字万用表、六反相器、二输入四与非门。

3.1.5　实验内容及步骤

1. TTL 二输入端四与非门芯片 74LS00 的参数及功能测试

（1）将 74LS00 芯片电源端和地线端分别连接数字系统综合实验箱的电源和地。

（2）根据二输入与非门的真值表，测试其逻辑功能，并将结果记入表 3.1.1 中。

表 3.1.1　TTL 与非门真值表

A	B	Y
0	0	
0	1	
1	0	
1	1	

（3）按图 3.1.2 连接实验电路，调节输入电压，测量并记录与非门的输出电压，并将结果记入表 3.1.2 中。

表 3.1.2　与非门的输出电压实验数据表

U_i/V	0	0.50	0.60	0.70	0.80	0.90	1.00	1.10	1.15	1.20	1.25	1.30
U_O/V												
U_i/V	1.35	1.50	1.80	2.00	2.20	2.50	3.00	3.50	4.00	4.50	5.00	1.50
U_O/V												

2. TTL 六反相器芯片 74LS04 的参数及功能测试

（1）将 74LS04 芯片电源端和地线端分别连接数字系统综合实验箱的电源和地。

（2）根据六反相器的真值表，测试其逻辑功能，并将结果记入表 3.1.3 中。

表 3.1.3　反相器真值表

A	Y
0	
1	

（3）按图 3.1.4 连接实验电路，调节输入电压，测量并记录与非门的输出电压，并将结果记入表 3.1.4 中。

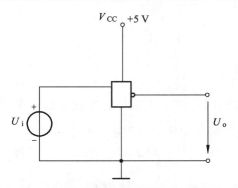

图 3.1.4　反相器的电压传输特性测量电路

表 3.1.4　反相器的电压传输特性测量表

U_i/V	0	0.50	0.60	0.70	0.80	0.90	1.00	1.10	1.15	1.20	1.25	1.30
U_o/V												

U_i/V	1.35	1.50	1.80	2.00	2.20	2.50	3.00	3.50	4.00	4.50	5.00
U_o/V											

3.1.6　实验报告

（1）整理表 3.1.2 中的实验数据。根据实验数据，在坐标纸上画出与非门的电压传输特性曲线，并分析其特性曲线。注意：在坐标纸上标出相关参数。

（2）整理表 3.1.4 中的实验数据。根据实验数据，在坐标纸上画出反相器的电压传输特性曲线，并分析其特性曲线。注意：在坐标纸上标出相关参数。

（3）总结并分析实验所测得与非门与反相器的真值表（即表 3.1-1 和表 3.1.3），写出与非门与六反相器的逻辑表达式。

（4）记录实验过程中出现的故障现象，分析其原因，说明解决的办法。

（5）写出实验体会。

3.2　逻辑门组成故障报警电路（1）

3.2.1　实验目的

（1）掌握非门、与门、或非门等集成逻辑门的逻辑功能。

（2）掌握组合逻辑电路的综合分析方法及故障报警电路的基本设计思路。

（3）提高检查及排除电路故障的能力。

3.2.2　实验原理

本实验项目是对三台设备分别进行故障报警，其逻辑电路主要由两个模块组成，即三台设备的故障模拟电路和报警电路。

1. 三台设备的故障模拟电路

用直流电压源 U_{CC} 和三个开关（开关 J1、J2、J3）构成故障模拟电路，如图 3.2.1 所示。其工作原理为：

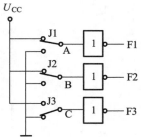

（1）设开关连接电源 U_{CC} 端表示设备正常工作，反之，开关连接于接地端表示设备发生了故障。

（2）当设备发生故障时，非门输入的逻辑信号为低电平（非门输入用 A、B、C 表示），这时非门的输出为高电平（非门输出用 F1、F2、F3 表示）；反之，当设备正常工作时，非门输入为高电平，非门的输出为低电平。

（3）例如：在如图 3.2.1 所示逻辑电路中，开关 J1、J2 与电源 U_{CC} 端连接，而开关 J3 连接于接地端，则 A、B 逻辑信号为逻辑"1"，C 为逻辑"0"；F3 发出故障报警逻辑"1"信号。

图 3.2.1　故障模拟电路

2. 报警电路

报警电路如图 3.2.2 所示。

1）用发光二极管 LED 模拟报警信号

3 个发光二极管 LED 表示设备的工作状态。

设 LED 正常发光时，表示设备工作正常；LED 熄灭时，表示电设备有故障发生，即用发光二极管 LED 熄灭来模拟报警信号。

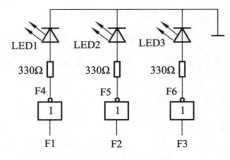

图 3.2.2　报警电路

2）故障报警信号分配

发光二极管 LED1 表示 A 路发生故障报警信号。
发光二极管 LED2 表示 B 路发生故障报警信号。
发光二极管 LED3 表示 C 路发生故障报警信号。

3）报警电路工作原理

当非门输入为逻辑"0"时，非门的输出为逻辑"1"，LED 正常发光，设备工作正常。
当非门输入为逻辑"1"时，非门的输出为逻辑"0"，LED 熄灭，发出报警信号。

3. 故障报警电路工作原理

将图 3.2.1 和图 3.2.2 组合在一起，构成三台设备的故障报警电路，如图 3.2.3 所示。

1）无故障发生

在图 3.2.3 中，当电路无故障发生时，开关 J1、J2、J3 连接于电源 U_{CC} 端，A、B、C 的逻辑信号为"1"，3 个非门 F1、F2、F3 输出"0"，3 个非门 F4、F5、F6 输出"1"，3 个发光二极管 LED1、LED2、LED3 正常发光，不发出报警信号。

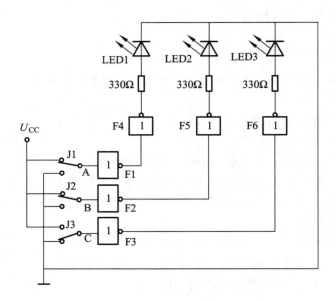

图 3.2.3　故障报警电路

2）发生故障

设 C 路发生故障，开关 J3 模拟故障连接于接地端，如图 3.2.3 所示，C 逻辑信号为"0"，非门 F3 输出"1"，F6 输出"0"，则发光二极管 LED3 熄灭，发出报警信号。

3.2.3　预习内容

（1）预习图 3.2.3 的逻辑电路工作原理。

（2）预习逻辑非门芯片的结构，如图 3.2.4（b）所示；预习图 3.2.4（a）与图 3.2.4（b）中非门管脚的对应连接关系。

（3）预习实验内容、逻辑电路、操作步骤。

（4）撰写预习报告。

3.2.4　实验仪器、仪表和装置

实验仪器、仪表和装置包括：万用表、电子实验箱、逻辑门、LED 等。

3.2.5　实验内容及步骤

（1）结合图 3.2.4（b）中所示非门管脚示意图，按图 3.2.4（a）连接电路。

（2）按真值表 3.2.1 中 *A*、*B*、*C* 的要求，进行图 4.1.4（a）中 J1、J2、J3 的开关操作，并将 LED 的状态记录于表中。

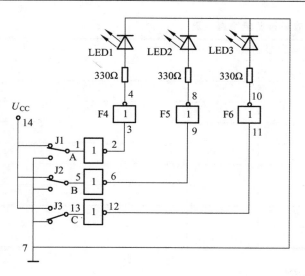

（a）故障报警电路

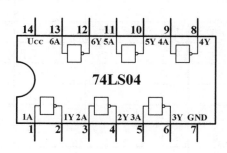

（b）逻辑非门芯片

图 3.2.4 故障报警逻辑电路图

表 3.2.1 故障报警电路的实验状态真值表

故障状态			报警信号状态		
A	B	C	LED1	LED2	LED3
0	0	0			
0	0	1			
0	1	0			
0	1	1			
1	0	0			
1	0	1			
1	1	0			
1	1	1			

注意：

① 开关 J 接电源 U_{CC} 时，所对应的 A、B、C 逻辑为 "1"；开关 J 接于地时，所对应的 A、B、C 逻辑为 "0"。

② 表 3.2.1 中 LED 状态为："发光"或"熄灭"。

（3）数据测量完成，测量数据经指导教师检查合格后，关闭电源，拆线。将所用的实验仪器、仪表及器件整理放置好，导线整理好。

3.2.6 实验报告

（1）画出实验接线逻辑电路图。

（2）根据表 3.2.1 完成表 3.2.2 的逻辑值关系，并说明 A、B、C 路是否发生故障报警。设故障报警信号为 "1"，无报警信号为 "0"。

表 3.2.2　故障报警电路真值表

工作状态的逻辑值			报警信号逻辑值			故障报警信号注释
A	B	C	LED1	LED2	LED3	
0	0	0				
0	0	1				
0	1	0				
0	1	1				
1	0	0				
1	0	1				
1	1	0				
1	1	1				

（3）试写出 LED1、LED2、LED3 的逻辑表达式。

（4）写出实验体会。

3.3　逻辑门组成故障报警电路（2）

3.3.1　实验目的

（1）掌握集成逻辑门的逻辑功能及应用。

（2）掌握组合逻辑电路的综合分析方法及与故障报警电路的基本设计思路。

（3）提高检查及排除电路故障的能力。

3.3.2　实验原理

1. 组成故障报警电路的模块分析

用与非门组成的故障报警控制实验原理电路分为三个模块，即故障模拟电路、报警电路、脉冲信号源电路，如图 3.3.1 所示。其中，故障模拟电路、报警电路 LED1、LED2、LED3 与实验 3.2 项目相同，重点是增加了报警 LED4 信号和脉冲信号源电路。

1）故障模拟电路

开关 J 接在电源 U_{CC} 端时，表示电路工作正常；开关 J 接地"⊥"，则表示电路发生了故障。

2）报警电路

发光二极管 LED1 熄灭时，表示 A 路发生故障报警信号。

发光二极管 LED2 熄灭时，表示 B 路发生故障报警信号。

发光二极管 LED3 熄灭时，表示 C 路发生故障报警信号。

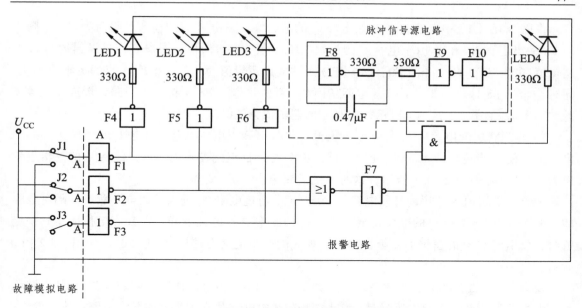

图 3.3.1　逻辑门组成故障报警控制电路原理图

发光二极管 LED4 发光时，表示 A、B、C 三路线路中有一个或多个发生故障所发出报警信号。

3）脉冲信号源电路

脉冲信号源电路是由 3 个非门 F8、F9、F10 和 2 个电阻 R_1、R_2 及电容 C 组成的多谐振荡器，如图 3.3.2 所示。

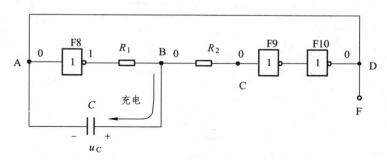

（a）多谐振荡器充电分析图

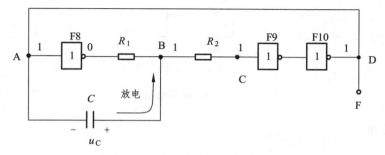

（b）多谐振荡器放电分析图

图 3.3.2　多谐振荡器工作原理图

设图 3.3.2（a）中电容 C 的初始电压 u_C 的值为零，图中 A 点的输入逻辑值为"0"，则非门 F8 输出逻辑为"1"。由于电容 C 的初始电压 u_C 值为零，所以，图中 B 点的逻辑值与 A 点逻辑值都为"0"。两个非门 F9、F10 使 D 点的输出逻辑值为"0"，维持 A 点的逻辑值不变。同时，非门 F8 输出逻辑"1"，经电阻 R_1 和电容 C 及非门 F8 所构成的回路，形成对电容 C 的"充电"，如图 3.3.2（a）所示，这时 F 的逻辑值为"0"。

"充电"将引起电容 C 的电压 u_C 的上升，即图中 B 点电位上升，其电压 u_C 不断提高的结果，最终使 C 点逻辑值由"0"变为"1"，从而改变 D 点的逻辑为"1"，使 A 点的逻辑也变换为"1"，如图 3.3.2（b）所示，这时 F 的逻辑值由"0"变为"1"。

B 点的逻辑值为"1"，又使电容 C 的电压 u_C 通过电阻 R_1 进入"放电"状态。随着电容的不断"放电"，电容 C 的电压 u_C 逐渐减小，即图中 B 点电位下降。当 B 点电位减小到一定值时，将引起 C 点的逻辑值变换为"0"，则 F 的逻辑值又由"1"变为"0"，如图 3.3.2（a）所示。

所以，图 3.3.2 输出点 F 的逻辑波形如图 3.3.3（b）所示，称为"多谐振荡"，其电路称为多谐振荡器。当电路发生故障时，发光二极管 LED4 工作在闪亮状态下，报警有故障发生，如图 3.3.3（a）所示。

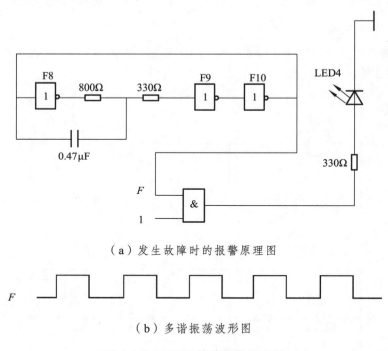

（a）发生故障时的报警原理图

（b）多谐振荡波形图

图 3.3.3　LED4 故障报警原理图

2．工作原理

1）正常工作时

在图 3.3.1 中，当电路无故障发生时，开关 J1、J2、J3 连接于电源 U_{CC} 端，3 个非门 F1、

F2、F3 输入逻辑信号"1"，3 个发光二极管 LED1、LED2、LED3 正常发光，不发出报警信号，而发光二极管 LED4 熄灭。

2）发生故障时

设 C 路发生故障，开关 J3 模拟故障连接于接地端，如图 3.3.1 所示，非门 F3 输入逻辑信号"0"，F3 输出"1"，F6 输出"0"，则发光二极管 LED3 熄灭，C 路发出报警信号。

同时，因非门 F3 输出逻辑"1"，故或非门输出逻辑"0"，F7 输出逻辑"1"，则发光二极管 LED4 发出闪亮的故障报警信号。

3.3.3 预习内容

（1）预习实验电路原理、内容、操作步骤。预习相关的集成芯片（见图 3.3.4）的结构。

（2）根据 3.3.4、图 3.3.4、图 3.3.5，预习实验电路，并画出图 3.3.1 故障报警实验接线电路图。

（3）预习示波器的使用方法。

（4）撰写预习报告。

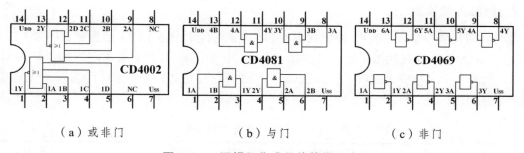

（a）或非门　　　　　　（b）与门　　　　　　（c）非门

图 3.3.4　逻辑门集成芯片管脚示意图

3.3.4 实验仪器、仪表和装置

实验仪器、仪表和装置包括：万用表、双踪示波器、电子实验箱、逻辑门、LED 等。

3.3.5 实验内容及步骤

1. 多谐振荡器实验

按图 3.3.5 连接实验电路，用示波器观测输出逻辑值 F 的波形图，并记录观测波形图。同时，观测和记录 LED4 的工作状态。

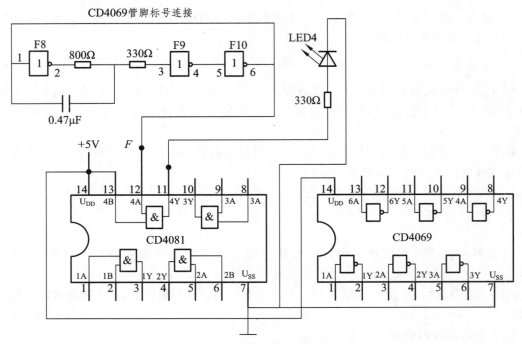

图 3.3.5　多谐振荡器电路图

2．故障报警实验

参考故障报警逻辑图 3.3.3、逻辑门集成芯片管脚示意图 3.3.4 和多谐振荡器图 3.3.5，按图 3.3.1 所示原理图连接实验电路，并根据表 3.3.1 中 A、B、C 的状态要求来操作开关 J1、J2、J3，观测 4 个二极管 LED 的工作状态（是"熄灭"还是"发光"或"闪亮"），观测结果记录于表 3.3.1 中。

表 3.3.1　故障报警电路观测表

A	B	C	LED1	LED2	LED3	LED4
0	0	0				
0	0	1				
0	1	0				
0	1	1				
1	0	0				
1	0	1				
1	1	0				
1	1	1				

3．测量结果后操作

数据测量完成，测量数据经指导教师检查合格后，关闭电源，拆线。将所用的实验仪器、仪表及器件整理放置好，导线整理好。

3.3.6　实验报告

（1）画出实验电路图，并画出观测的多谐振荡器输出 F 端的波形图。

（2）设报警信号为"1"，正常为"0"。根据观测表 3.3.1，列出真值表 3.3.2 的逻辑关系，并写出 LED4 的逻辑表达式。

表 3.3.2　故障报警电路真值表

工作状态的逻辑值			报警信号逻辑值			
A	B	C	LED1	LED2	LED3	LED4
0	0	0				
0	0	1				
0	1	0				
0	1	1				
1	0	0				
1	0	1				
1	1	0				
1	1	1				

（3）写出实验体会。

3.4　逻辑门组成一位数字比较器

3.4.1　实验目的

（1）进一步了解数字比较器的设计原理。

（2）提高组合逻辑电路的分析设计能力。

（3）增强实际动手操作能力。

3.4.2　实验原理

数字比较是一种简单的数学运算，即是一种比较两个数字 A 和 B 大小的运算。数字比较器是判断两个数 A、B 大小的逻辑电路，比较结果为 $A > B$、$A = B$、$A < B$ 三种情况。

一位数字的比较器是多位数字比较器的基础。设一位数字为 A、B，其大小比较的逻辑关系如真值表 3.4.1 所示。

表 3.4.1　一位数字比较器真值表

输　入		输　出		
A	B	$F_{A>B}$	$F_{A<B}$	$F_{A=B}$
0	0	0	0	1
0	1	0	1	0
1	0	1	0	0
1	1	0	0	1

由真值表 3.4.1 得逻辑表达式：

$$F_{A>B} = A\overline{B} = \overline{\overline{A} + B}$$

$$F_{A<B} = \overline{A}B = \overline{A + \overline{B}}$$

$$F_{A=B} = \overline{A}\ \overline{B} + AB = \overline{A\overline{B} + \overline{A}B}$$

由以上逻辑表达式可得逻辑电路图 3.4.1。

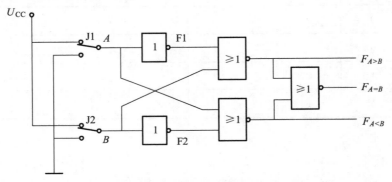

图 3.4.1　一位数字的比较器的逻辑图

3.4.3　预习内容

（1）预习实验电路原理，明确实验目的。

（2）预习实验内容、步骤及逻辑电路图 3.4.2。

（3）分析并判断表 3.4.2 的实验结果。

（4）预习集成元件的逻辑特性和实验装置。

（5）撰写预习报告。

3.4.4　实验仪器、仪表和装置

实验仪器、仪表和装置包括：万用表、电子实验箱、逻辑门、LED。

3.4.5　实验内容及步骤

（1）结合图 3.4.2（a）（b）中所示或非门和非门管脚示意图，按图 3.4.2（c）连接实验电路。

（2）按真值表 3.4.2 中 A、B 的状态要求，操作图 3.4.2（c）中开关 J1、J2，并将 LED 测试结果（发光、不发光）填入表 3.4.2 中。

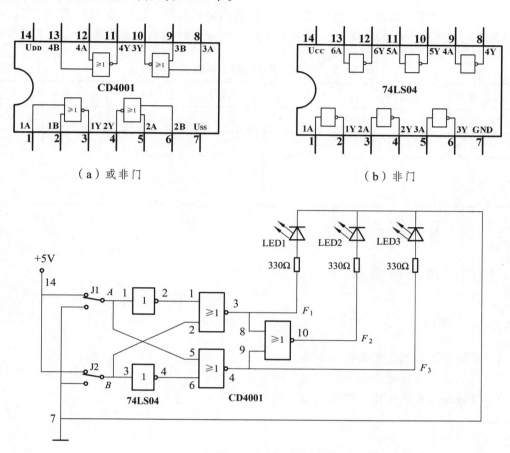

（a）或非门　　　　　　　　　　　　　　　　　　　　　（b）非门

（c）一位数字比较器实验电路图

图 3.4.2　集成逻辑芯片和一位数字比较器实验电路图

表 3.4.2　一位数字比较器实验数据测试表

A	B	LED1	LED2	LED3
0	0			
0	1			
1	0			
1	1			

（3）数据测量完成，测量数据经指导教师检查合格后，关闭电源，拆线。将所用的实验仪器、仪表及器件整理放置好，导线整理好。

3.4.6　实验报告

（1）分析一位数字比较器实验测试中二极管发光表示的数字信号是"1"还是"0"，并填写表 3.4.3 中 F_1、F_2、F_3 的逻辑值，说明 F_1、F_2、F_3 输出什么信号表示大于、小于和等于。

表 3.4.3　一位数字比较器实验数据分析表

A	B	LED1	LED2	LED3	F_1	F_2	F_3
0	0						
0	1						
1	0						
1	1						

（2）写出实验体会。

3.5　逻辑门组成全加器

3.5.1　实验目的

（1）掌握全加器的性能及设计原理。
（2）提高组合逻辑电路的分析与设计能力。
（3）掌握组合电路输出的逻辑测试方式。

3.5.2　实验原理

全加器的功能在 1 位二进制加法运算（即 $A_i + B_i$）中，同时考虑了低位来的进位信号 C_{i-1} 相加，即实现了 $A_i + B_i + C_{i-1}$ 二进制数的加法运算，所以称为全加器。其功能如真值表 3.5.1 所示。

表 3.5.1　全加器真值表

输　入			输　出	
A_i	B_i	C_{i-1}	S_i	C_i
0	0	0	0	0
0	0	1	1	0
0	1	0	1	0
0	1	1	0	1
1	0	0	1	0
1	0	1	0	1
1	1	0	0	1
1	1	1	1	1

全加器真值表 4.4.1 中，A_i、B_i 表示相加的两个 1 位二进制数，C_{i-1} 表示低位来的进位数，即 A_i、B_i、C_{i-1} 是全加器的输入；S_i 表示 $A_i + B_i + C_{i-1}$ 产生本位相加的数，C_i 表示进位数，即 S_i、C_i 是全加器的输出。

由真值表 3.5.1 可写出全加器的逻辑表达式

$$S_i = \overline{A_i}\,\overline{B_i}C_{i-1} + \overline{A_i}B_i\overline{C_{i-1}} + A_i\overline{B_i}\,\overline{C_{i-1}} + A_iB_iC_{i-1}$$
$$= A_i \oplus B_i \oplus C_{i-1}$$

$$C_i = \overline{A_i}B_iC_{i-1} + A_i\overline{B_i}C_{i-1} + A_iB_i\overline{C_{i-1}} + A_iB_iC_{i-1}$$
$$= A_iB_i + (A_i \oplus B_i)C_{i-1}$$

全加器的逻辑电路和逻辑符号如图 3.5.1 所示。

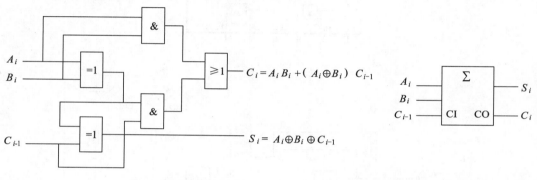

（a）全加器逻辑电路图　　　　　　　　　（b）全加器逻辑电路图的符号

图 3.5.1　全加器逻辑电路图与符号图

3.5.3　预习内容

（1）预习全加器的设计原理。
（2）预习全加器的实验内容、步骤和电路图 3.5.2。
（3）撰写预习报告。

3.5.4　实验仪器、仪表和装置

实验仪器、仪表和装置包括：万用表、电子实验箱、逻辑门。

3.5.5　实验内容及步骤

（1）结合图 3.5.2（a）（b）（c）中所示异或门、或门和与门的管脚示意图，按图 3.5.2（d）连接实验电路。
（2）按真值表 3.5.2 中 A_i、B_i、C_{i-1} 的状态要求，将操作图 3.5.2（d）中开关 J1、J2、J3 的状态（+5 V、地）及 LED 的测试结果（发光、不发光）填入表 3.5.2 中。

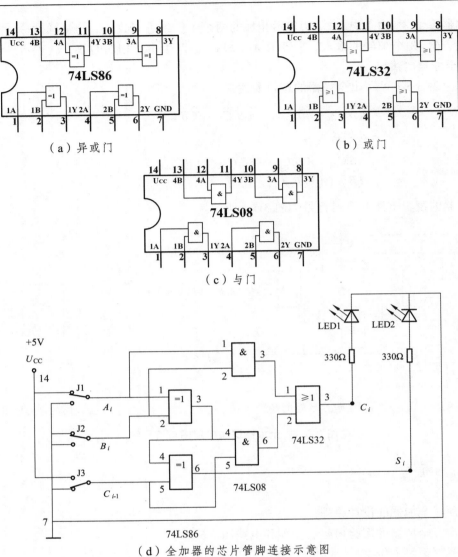

（a）异或门　　　　　　　　　　　　　　（b）或门

（c）与门

（d）全加器的芯片管脚连接示意图

图 3.5.2　全加器实验电路图

表 3.5.2　全加器实验测试表

输　入			开关操作			输　出	
A_i	B_i	C_{i-1}	J1	J2	J3	LED1	LED2
0	0	0					
0	0	1					
0	1	0					
0	1	1					
1	0	0					
1	0	1					
1	1	0					
1	1	1					

（3）数据测量完成，测量数据经指导教师检查合格后，关闭电源，拆线。将所用的实验仪器、仪表及器件整理放置好，导线整理好。

3.5.6 实验报告

（1）画出实验接线图。
（2）分析实验故障，论述故障原因及处理方法。
（3）写出实验体会。

3.6 用选择器和译码器设计 3 人表决电路

3.6.1 实验目的

（1）掌握选择器、译码器组合电路的应用原理。
（2）掌握选择器、译码器电路的分析、设计方式与方法。
（3）掌握表决电路设计方案与思路。

3.6.2 实验原理

1. 表决电路的分析及逻辑表达式

1）表决项目

有 3 人（用 A、B、C 表示）对一事务进行表决（用逻辑 1 表示同意，逻辑 0 表示反对），多数同意时输出 Y 为 1（LED 发光），否则输出为 0。

2）真值表

根据表决项目任务要求，列出真值表 3.6.1。

表 3.6.1 3 人表决电路真值表

输　入			输　出
A	B	C	Y
0	0	0	0
0	0	1	0
0	1	0	0
0	1	1	1
1	0	0	0
1	0	1	1
1	1	0	1
1	1	1	1

3）逻辑表达式

$$Y = \overline{A}BC + A\overline{B}C + AB\overline{C} + ABC$$

2. 表决电路的设计图

1）用 8 选 1 选择器设计电路

$$Y = \overline{A}BC + A\overline{B}C + AB\overline{C} + ABC$$
$$= D_3 + D_5 + D_6 + D_7$$

则用 8 选 1 选择器 74LS151 实现 3 人表决逻辑功能，如图 3.6.1（a）所示。

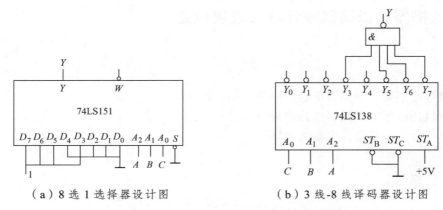

（a）8 选 1 选择器设计图　　　　　　（b）3 线-8 线译码器设计图

图 3.6.1　用选择器、译码器分别设计的 3 人表决电路图

2）用 3 线 8 线译码器的设计电路

$$Y = \overline{A}BC + A\overline{B}C + AB\overline{C} + ABC$$
$$= Y_3 + Y_5 + Y_6 + Y_7 = \overline{\overline{Y_3 + Y_5 + Y_6 + Y_7}} = \overline{\overline{Y_3} \cdot \overline{Y_5} \cdot \overline{Y_6} \cdot \overline{Y_7}}$$

则用 3 线-8 线译码器 74LS138 实现其逻辑功能如图 3.6.1（b）所示。

4.5.3　预习内容

（1）预习全加器的基本概念和设计原理。
（2）预习实验内容、步骤和逻辑图 3.6.2。
（3）撰写预习报告。

3.6.4　实验仪器、仪表和装置

实验仪器、仪表和装置包括：万用表、电子实验箱、逻辑门。

3.6.5　实验内容及步骤

1. 8 选 1 选择器表决电路

（1）结合图 3.6.2（a）中所示 8 选 1 选择器的管脚示意图，按图 3.6.2（b）连接实验电路。

（2）按真值表 3.6.2 中 A、B、C 的状态要求，将操作图 3.6.2（b）中开关 J1、J2、J3 的状态（＋5 V、地）及 LED 的测试结果（发光、不发光）填入表 3.6.2 中。

（a）8 选 1 选择器

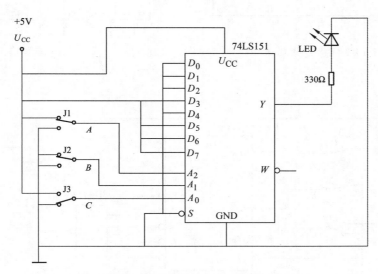

（b）由选择器组成的 3 人表决电路图

图 3.6.2　8 选 1 选择器设计的 3 人表决电路图

表 3.6.2　3 人表决实验测试表

输　　入			开关操作			输　　出
A	B	C	J1	J2	J3	LED
0	0	0				
0	0	1				
0	1	0				
0	1	1				
1	0	0				
1	0	1				
1	1	0				
1	1	1				

2.3 线 8 线译码器表决电路

（1）结合图 3.6.3（a）（b）中所示 3 线-8 线译码器和与非门芯片的管脚示意图，按图 3.6.3（c）连接实验电路。

（2）按真值表 3.6.3 中 A、B、C 的状态要求，将操作图 3.6.3（c）中开关 J1、J2、J3 状态（+5 V、地）及 LED 的测试结果（发光、不发光）填入表 3.6.3 中。

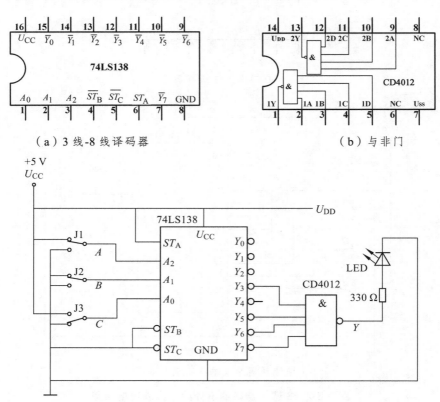

（a）3 线-8 线译码器　　　　　　　　　　（b）与非门

（c）由译码器组成的 3 人表决实验电路图

图 3.6.3　3 线-8 线译码器设计的 3 人表决实验电路图

表 3.6.3　3 人表决实验测试表

输　入			开关操作			输　出
A	B	C	J1	J2	J3	LED
0	0	0				
0	0	1				
0	1	0				
0	1	1				
1	0	0				
1	0	1				
1	1	0				
1	1	1				

3. 测量完成后操作

数据测量完成，测量数据经指导教师检查合格后，关闭电源，拆线。将所用的实验仪器、仪表及器件整理放置好，导线整理好。

3.6.6　实验报告

（1）画出实验接线图。

（2）根据表 3.6.2 和表 3.6.3 中的实验结果，讨论同一项目设计方案的不唯一性，再画出一个不同的 3 人表决电路。

（3）写出实验体会。

3.7　用全加器实现二进制数乘法运算

3.7.1　实验目的

（1）掌握全加器的工作原理。

（2）掌握二进制数的乘法运算原理及全加器的应用技巧与设计方式。

（3）拓展全加器的应用知识面。

3.7.2　实验原理

1. 全加器功能

全加器功能如真值表 3.7.1 所示。其数学运算：$A_i + B_i + C_{i-1} = C_i S_i$。

表 3.7.1　全加器真值表

输入			输出	
A_i	B_i	C_{i-1}	S_i	C_i
0	0	0	0	0
0	0	1	1	0
0	1	0	1	0
0	1	1	0	1
1	0	0	1	0
1	0	1	0	1
1	1	0	0	1
1	1	1	1	1

数学运算：$A_i + B_i + C_{i-1} = C_i S_i$。

本位相加输出 S_i：是数学运算 $A_i + B_i + C_{i-1}$ 产生的本位相加的数。其中，C_{i-1} 为来自低位的进位，A_i、B_i 为数学运算相加的两个数值量。

运算进位 C_i：是数学运算 $A_i + B_i + C_{i-1}$ 产生的向高位的进位数。

相关的集成全加器芯片和图形符号如图 3.7.1 所示。

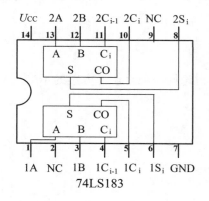 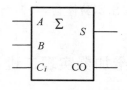

（a）全加器管脚示意图   （b）全加器图形符号

图 3.7.1   全加器

2. 二进制数乘法运算

二进制数乘法运算为 $A_2 A_1 A_0 \times B_1 B_0$，其数学运算竖式为

$$
\begin{array}{r}
& A_2 & A_1 & A_0 \\
\times \quad\quad\quad\quad & & B_1 & B_0 \\
\hline
A_2 B_0 & A_1 B_0 & A_0 B_0 \\
A_2 B_1 & A_1 B_1 & A_0 B_1 \\
+ \quad C_3 & C_2 & C_1 \\
\hline
F_4 \quad F_3 & F_2 & F_1 & F_0
\end{array}
$$

逻辑乘运算：二进制数乘法运算（如 $A_0 \times B_0$）等于逻辑乘（如二进制数乘法运算 $A_0 \times B_0$ 等于逻辑乘 $A_0 B_0$），即以上竖式运算中 $A_2 B_0$、$A_1 B_0$、$A_0 B_0$、$A_2 B_1$、$A_1 B_1$、$A_0 B_1$ 用逻辑与实现。

进位：法竖式中 C_1、C_2、C_3 为低位加法运算后向高位的进位。

加法运算：由数学乘法竖式可得运算结果的数学表达式为 $A_2 A_1 A_0 \times B_1 B_0 = F_4 F_3 F_2 F_1 F_0$，其中：

$$F_0 = A_0 B_0$$
$$F_1 = A_1 B_0 + A_0 B_1$$
$$F_2 = A_2 B_0 + A_1 B_1 + C_1$$
$$F_3 = A_2 B_1 + C_2$$
$$F_4 = C_3$$

逻辑电路图如图 3.7.2 所示。

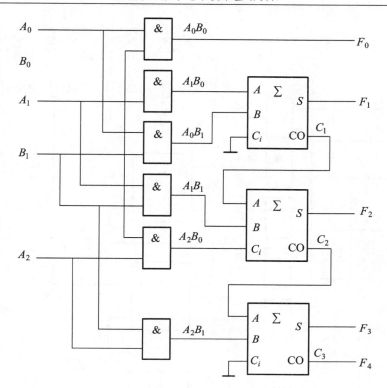

图 3.7.2　$A_2A_1A_0 \times B_1B_0$ 乘法运算电路图

3.7.3　预习内容

（1）预习全加器工作原理。

（2）预习用全加器实现二进制数乘法运算的设计原理，分析逻辑图 3.7.2。

（3）预习实验电路图和步骤。

（4）撰写预习报告。

3.7.4　实验仪器、仪表和装置

实验仪器、仪表和装置包括：全加器、逻辑与门、万用表、电子实验箱。

3.7.5　实验内容及步骤

（1）根据所提供的器件、集成芯片，按图 3.7.3 电路接线。

（2）根据表 3.7.2 中给定的 A_2、A_1、A_0、B_1、B_0 值，操作开关 J5、J4、J3、J2、J1。

（3）观测 F_4、F_3、F_2、F_1、F_0 所对应的发光二极管状况，并记录于表 3.7.2 中。

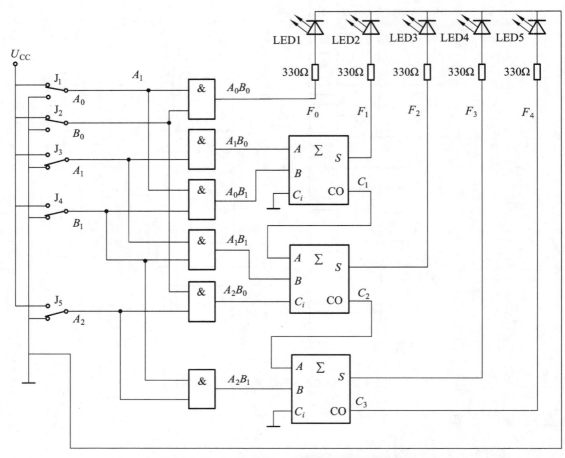

图 3.7.3　$A_2A_1A_0 \times B_1B_0$ 乘法运算示意电路图

表 3.7.2　乘法运算测量数据表

A_2	A_1	A_0	B_1	B_0	F_4	F_3	F_2	F_1	F_0
0	0	1	0	0					
0	0	1	0	1					
0	0	1	1	0					
0	0	1	1	1					
0	1	0	0	1					
0	1	0	1	0					
0	1	0	1	1					
0	1	1	0	1					
0	1	1	1	0					
0	1	1	1	1					

A_2	A_1	A_0	B_1	B_0	F_4	F_3	F_2	F_1	F_0
1	0	0	0	1					
1	0	0	1	0					
1	0	0	1	1					
1	0	1	0	1					
1	0	1	1	0					
1	0	1	1	1					
1	1	0	0	1					
1	1	0	1	0					
1	1	1	1	1					
1	1	1	0	1					
1	1	1	1	0					
1	1	1	1						

3.7.6　实验报告

（1）选择一组数据，用竖式验算测试结果。

（2）如果实验操作过程中出现故障，分析论述故障原因及处理方法。

（3）写出实验体会。

3.8　智力竞赛抢答电路

3.8.1　实验目的

（1）熟悉组合逻辑电路的特点及一般分析方法。

（2）掌握四-D 锁存器 CD4042 的工作原理及功能。

（3）掌握智力竞赛抢答电路的功能及测试方法。

（4）提高检查及排除电路故障的能力。

（5）提高对逻辑电路的综合分析和实验能力。

3.8.2　实验原理

1. 智力竞赛抢答原理框图

能够实现智力竞赛抢答功能的方法和电路有很多，其中"抢答"电路的实现可分为两种：第一种方法是用锁存器（如 74LS175）将由优先编码器选出的抢答者锁定，同时控制电路将编码器置于禁止状态，禁止其他竞赛者抢答，如图 3.8.1 所示；第二种方法是直接用锁存器 CD4042 锁存抢答者，同时控制电路，禁止其他竞赛者抢答，如图 3.8.2 所示。本实验采用的是第二种方法。

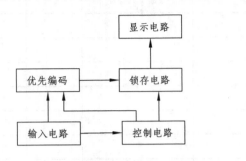

图 3.8.1　抢答器原理框图（1）

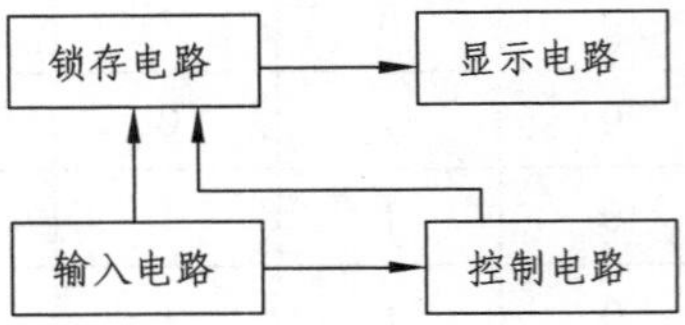

图 3.8.2　抢答器原理框图（2）

根据要求不同，智力竞赛抢答器有很简单的电路，也有较复杂的电路。例如"显示电路"可用发光二极管或双向晶闸管控制电路来显示抢答者的信息（电路相对简单），也可用译码显示电路来显示抢答者的信息（电路相对复杂一些）。本实验采用发光二极管显示抢答者的信息。在此电路基础上，同学们可将其改设为一个用译码显示电路来显示抢答者信息的智力竞赛抢答器。

2. 四-D 锁存器 CD4042

1）CD4042 的管脚

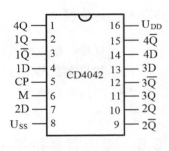

四-D 锁存器 CD4042 的管脚如图 3.8.3 所示，管脚引出端的功能符号分别表示：

CP	时钟输入端；
$1D \sim 4D$	数据输入端；
M	时钟方式控制端；
$1Q \sim 4Q$	原码数据输出端；
$1\overline{Q} \sim 4\overline{Q}$	反码数据输出端；
U_{DD}	正电源；
U_{SS}	接地。

图 3.8.3　管脚图

2）CD4042 的工作原理

CD4042 的逻辑电路如图 3.8.4 所示，逻辑图中包含了 4 四个锁存电路（由 4 个 D 触发器组成），由 CP 同步时钟控制。当 $M=0$、$CP=0$ 或 $M=1$、$CP=1$ 时，输入端的数据 D 传送到输出端 Q；当 $M=1$、$CP=0$ 或 $M=0$、$CP=1$ 时，输出端的数据 Q 锁定，即不随输入端的数据 D 而改变，其功能如表 3.8.1 所示。

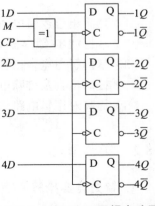

图 3.8.4　CD4042 逻辑电路图

表 3.8.1 CD4042 的功能表

输 入			输 出
CP	M	D	Q
0	0	D	D
1	0	×	锁存
1	1	D	D
0	1	×	锁存

3. 智力竞赛抢答原理图分析

1）初始状态

设在如图 3.8.5 电路中，输入端的数据 $1D \sim 4D$ 均为 "0"，按下复位开关 J，使时钟脉冲 CP 为 "0"。因 M 端的数据也为 "0"，根据 CD4042 功能表 3.8.1 可得，输入端的数据 D 传送到输出端 Q，即 $1Q \sim 4Q$ 输出均为 "0"，$1\overline{Q} \sim 4\overline{Q}$ 输出均为 "1"，松开复位开关 J。

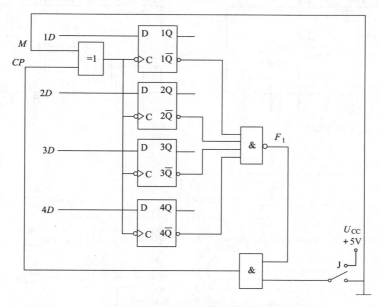

图 3.8.5 智力竞赛抢答原理图

2）抢答状态。

现 CP 端的数据为 "0"，抢答开始，如 $3D$ 端先按下抢答器（按下抢答器的数据为 "1"），则 $3Q$ 输出最先为 "1"，并驱动显示电路；同时 $3\overline{Q}$ 端最先输出的数据为 "0"，则与非门输出 F_1 为 "1"，从而与门输出为 "1"，即 CP 端由 "0" 变为 "1"，将 $3Q$ 的状态锁存为 "1"。根据 CD4042 的功能表 3.8.1 可知，这时输入端的数据 D 无论怎样变化，其输出端的数据 Q 都不发生变化，称为 "锁存"。

抢答完毕后，可通过按动复位开关 J 来为下一次的抢答做好准备。

3.8.3　预习内容

（1）预习四-D锁存器CD4042的工作原理及功能。

（2）预习实验电路图3.8.5和图3.8.6，拟定实验电路接线方案，分析LED的工作状态。

（3）撰写预习报告。

3.8.4　实验仪器、仪表和装置

实验仪器、仪表和装置包括：四-D锁存器、与非门、与门、万用表、电子实验箱。

3.8.5　实验内容及步骤

按智力竞赛抢答逻辑电路按图3.8.6（c）接线，并进行实验。

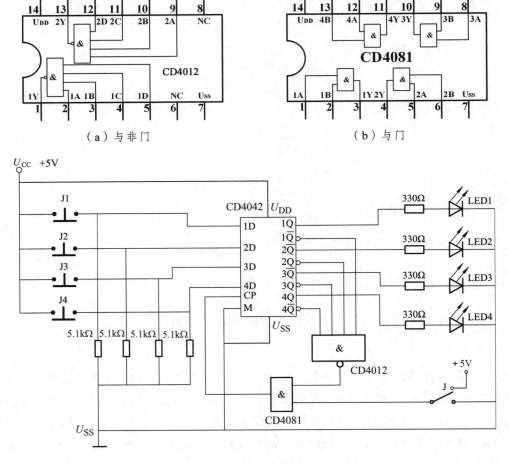

（c）智力竞赛抢答逻辑电路实验图

图3.8.6　集成芯片和智力竞赛抢答逻辑电路实验图

（1）按"J"键，使开关 J 闭合。分别按动 J1、J2、J3、J4 键，观察发光二极管的输出，检测电路是否正确。

（2）按"J"键，使开关 J 闭合后再断开，准备抢答。先按下"J1"按键（闭合开关 J1），将观测结果记录于表 3.8.2 中；再分别按下 J2、J3、J4 按键（闭合开关），观察电路输出是否有变化，并记录于表 3.8.2 的备注中。

（3）按"J"键，使开关 J 闭合后再断开，准备抢答。先按下"J2"按键（闭合开关 J2），将观测结果记录于表 3.8.2 中；再分别按下 J1、J3、J4 按键（闭合开关），观察电路输出是否有变化，并记录于表 3.8.2 的备注中。

（4）按"J"键，使开关 J 闭合后再断开，准备抢答。先按下"J3"按键（闭合开关 J3），将观测结果记录于表 3.8.2 中；再分别按下 J1、J2、J4 按键（闭合开关），观察电路输出是否有变化，并记录于表 3.8.2 的备注中。

（5）按"J"键，使开关 J 闭合后再断开，准备抢答。先按下"J4"按键（闭合开关 J4），将观测结果记录于表 3.8.2 中；再分别按下 J1、J2、J3 按键（闭合开关），观察电路输出是否有变化，并记录于表 3.8.2 的备注中。

表 3.8.2　智力竞赛抢答测试表

开　关	LED1	LED2	LED3	LED4	备注
闭合开关 J1					
闭合开关 J2					
闭合开关 J3					
闭合开关 J4					

（6）数据测量完成后，测量数据经指导教师检查后，关闭电源，拆线。将所用的实验仪器、仪表及器件整理放置好，导线整理好。

3.8.6　实验报告

（1）简述图 3.8.6 所示电路图的设计原理，并列出真值表。

（2）写出时钟脉冲 CP 的逻辑方程式，即：$CP = f(Q_0、Q_1、Q_2、Q_3)$。

（3）分析实验中的问题及解决的方法。

（4）思考你能否设计一个具有数码显示并带有蜂鸣器提示的智力竞赛抢答电路，如果可以，请写明电路设计的原理，并画出逻辑电路图。

（5）写出实验体会。

3.9　用 D 触发器组成移位寄存器

3.9.1　实验目的

（1）掌握 D 触发器的逻辑功能。

（2）掌握移位寄存器的逻辑功能。

（3）了解集成电路的工作原理及使用方法。

3.9.2　实验原理

在数字系统中，常常需要将一些代码或数据暂时存储起来，这种具有暂时存储数码功能的逻辑部件称为寄存器。寄存器的主要组成部分是触发器，一个触发器能存储 1 位二进制输入数（或代码），所以，n 个触发器构成的触发器可存储 n 位二进制代码或数据，当输入信号消失后，寄存器中建立起来的状态能够继续保存（在不断电条件下）。

1. 数码寄存器

一般，寄存器在存储数据或代码之前，必须先将寄存器清零，否则有可能存储错误的数据或代码，即双拍接收方式。所谓"双拍"接收方式，就是第一拍寄存器清零，第二拍寄存器存储数据或代码。

图 3.9.1 所示的是一个数码寄存器逻辑电路，它是一个具有接收数码和清除原有数码功能的寄存器，其逻辑功能如表 3.9.1 所示，其工作原理如下：

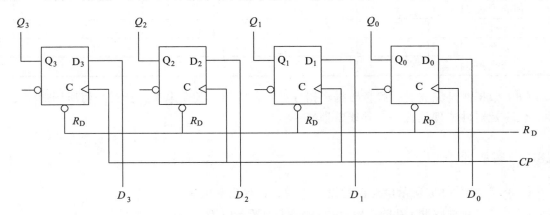

图 3.9.1　4 位并行输入、并行输出数码寄存器原理图

表 3.9.1　数码寄存器逻辑功能表

R_D	CP	D_3	D_2	D_1	D_0	Q_3^{n+1}	Q_2^{n+1}	Q_1^{n+1}	Q_0^{n+1}
0	×	×	×	×	×	0	0	0	0
1	⌐	D_3	D_2	D_1	D_0	D_3	D_2	D_1	D_0
1	1	×	×	×	×	Q_3^n	Q_2^n	Q_1^n	Q_0^n
1	0	×	×	×	×	Q_3^n	Q_2^n	Q_1^n	Q_0^n

（1）数码寄存器清零。

当时钟脉冲 $CP = 0$ 时，复位端 R_D 输入一个低电平信号，即 $R_D = 0$，则 4 个 D 触发器的输出信号为 $Q_3 Q_2 Q_1 Q_0 = 0000$，称为数码寄存器"清零"。

（2）寄存器存储数码。

图 3.9.1 中 $D_3 \sim D_0$ 是寄存器的数码输入端。当数码寄存器"清零"后，复位端 R_D 输入为高电平（$R_D = 1$）时，在 CP 脉冲上升沿的作用下，$D_3 \sim D_0$ 端的数码同时（并行）存入寄存器，并由输出端并行输出数码 $Q_3 \sim Q_0$。

2. 移位寄存器

在数字处理中，常常需要将寄存器中存储的数据在移位控制信号作用下，依次向高位或向低位移动。这种既具有存放数码功能又具有移位功能的寄存器称为移位寄存器。如图 3.9.2 所示为串行输入，串、并行输出的移位寄存器。

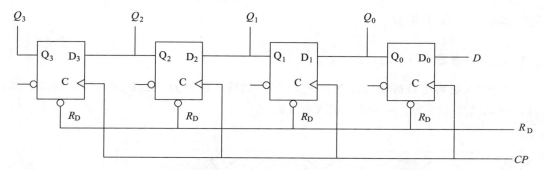

图 3.9.2　4 位串行输入，串、并行输出的移位寄存器原理图

设图 3.9.1 所示移位寄存器的初始状态 $Q_3 Q_2 Q_1 Q_0$ 为 0000，输入数码为 $D_3 D_2 D_1 D_0$，则从高位 D_3 开始从 D 端输入，即第一个时钟脉冲 CP 后，$Q_3 Q_2 Q_1 Q_0 = 000D_3$；第二个时钟脉冲 CP 后，$Q_3 Q_2 Q_1 Q_0 = 00D_3 D_2$；第三个时钟脉冲 CP 后，$Q_3 Q_2 Q_1 Q_0 = 0D_3 D_2 D_1$；第四个时钟脉冲 CP 后，$Q_3 Q_2 Q_1 Q_0 = D_3 D_2 D_1 D_0$，并行输出 $Q_3 Q_2 Q_1 Q_0$ 端输出存储数码 $D_3 D_2 D_1 D_0$，串行输出 Q_3 端输出数码 D_3，其移位寄存储的状态如表 3.9.2 所示。第五个时钟脉冲 CP 时，串行输出 Q_3 端输出数码 D_2，依次类推，由 Q_3 端从高位至低位移位串行输出。

表 3.9.2　移位寄存器状态表

R_D	CP	D	Q_3^{n+1}	Q_2^{n+1}	Q_1^{n+1}	Q_0^{n+1}
0	×	×	0	0	0	0
1	⌐	D_3	0	0	0	D_3
1	⌐	D_2	0	0	D_3	D_2
1	⌐	D_1	0	D_3	D_2	D_1
1	⌐	D_0	D_3	D_2	D_1	D_0

3.9.3　预习内容

（1）预习 D 触发器组成移位寄存器的电路原理及设计方法。

（2）预习实验电路图 3.9.3 和图 3.9.4，拟定实验电路的接线方案，分析 LED 的工作状态。

（3）预习 D 触发器检测方法。

（4）撰写预习报告。

3.9.4　实验仪器、仪表和装置

实验仪器、仪表和装置包括：双 D 触发器、万用表、电子实验箱。

3.9.5　实验内容及步骤

1. 数码寄存器

按图 3.9.3 逻辑电路接线，根据表 3.9.3 提供的输入数码 $D_3D_2D_1D_0$ 进行实验操作，并将 LED 的测试结果（发光、不发光）填入表 3.9.3 中。

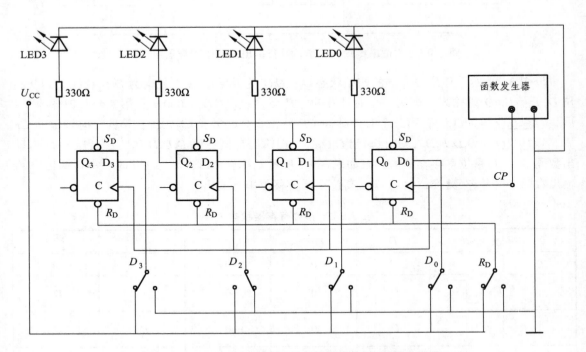

图 3.9.3　4 位并行输入、并行输出数码寄存器电路图

表 3.9.3　数码寄存器实验数据测试表

R_D	CP	D_3	D_2	D_1	D_0	LED3	LED2	LED1	LED0
0	×	×	×	×	×				
1	⎍	0	0	0	1				
1	⎍	0	0	1	0				
1	⎍	0	1	0	1				
1	⎍	0	1	1	1				
1	⎍	1	1	0	0				
1	⎍	1	1	0	1				
1	⎍	1	0	1	1				
1	⎍	1	0	0	1				

2. 移位寄存器

按图 3.9.4 逻辑电路接线，根据表 3.9.4 提供的输入数码 D 进行实验操作，并将 LED 的测试结果（发光、不发光）填入表 3.9.4 中。

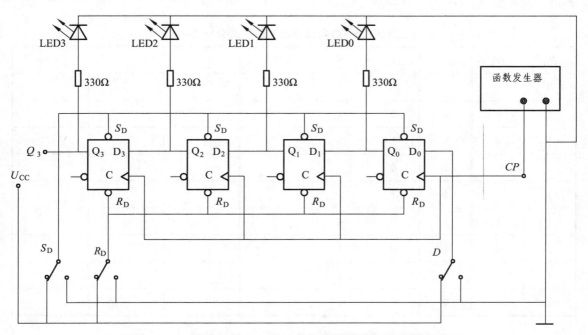

图 3.9.4　4 位串行输入，串、并行输出的移位寄存器电路图

表 3.9.4　移位寄存器实验数据测试表

R_D	CP	D	LED3	LED2	LED1	LED0
0	×	×				
1	1	1				
1	2	1				
1	3	1				
1	4	0				
1	5	0				
1	6	1				
1	7	0				
1	8	1				
1	9	0				

3.9.6　实验报告

（1）根据数码寄存器实验测试表 3.9.3 中的记录，分析填写表 3.9.5 中 $Q_3Q_2Q_1Q_0$ 的输出逻辑值，并画出 Q_3、Q_2、Q_1、Q_0 的波形图。

表 3.9.5　数码寄存器实验数据分析表

R_D	D_3	D_2	D_1	D_0	Q_3^{n+1}	Q_2^{n+1}	Q_1^{n+1}	Q_0^{n+1}
0	×	×	×	×				
1	0	0	0	1				
1	0	0	1	0				
1	0	1	0	1				
1	0	1	1	1				
1	1	1	0	0				
1	1	1	0	1				
1	1	0	1	1				
1	1	0	0	1				

（2）根据移位寄存器实验测试表 3.9.4 的记录，分析填写表 3.9.6 中 $Q_3Q_2Q_1Q_0$ 的输出逻辑

值，并画出 Q_3、Q_2、Q_1、Q_0 的波形图。

表 3.9.6 移位寄存器实验数据分析表

R_D	CP	D	Q_3^n	Q_2^n	Q_1^n	Q_0^n	Q_3^{n+1}	Q_2^{n+1}	Q_1^{n+1}	Q_0^{n+1}
0	×	×								
1	1	1								
1	2	1								
1	3	1								
1	4	0								
1	5	0								
1	6	1								
1	7	0								
1	8	1								
1	9	0								

（3）并行输入寄存器与串行输入寄存器有何不同？

（4）写出实验体会。

3.10　双向移位寄存器

3.10.1　实验目的

（1）掌握寄存器及移位寄存器的电路设计方法。

（2）了解双向移位寄存器的工作原理。

（3）提高检查及排除电路故障的能力。

（4）提高对逻辑电路的综合分析和实验能力。

3.10.2　实验原理

在数字系统中，将一些数码暂时存放起来的逻辑部件称为寄存器。触发器是一种能够存储 1 位二进制输入数字信号的基本单元电路，它具有两个稳定状态（逻辑 0 和 1）。在输入信号作用下，两个稳定状态可以相互转换，当输入信号消失后，寄存器中建立起来的状态能够继续保存（在不断电条件下）。

1. 74LS74 触发器及 74LS51 与或非门

1）74LS74 触发器

74LS74 触发器内含有两个独立的 D 触发器，如图 3.10.1 所示。在 74LS74 触发器中，每个 D 触发器都有数据输入端 D、置位输入端 $\overline{S}_D$、复位输入端 $\overline{R}_D$、时钟输入端 CP 及两个数据输出端 Q 和 $\overline{Q}$。

当 $\overline{S}_D$ 输入为低电平时，将直接预置输出端，即 $Q=1$；当 $\overline{R}_D$ 输入为低电平时，将直接使输出端清零，即 $Q=0$。当 $\overline{S}_D$ 或 $\overline{R}_D$ 为低电平时，输出端的状态与其他输入端的电平无关。当 $\overline{S}_D$、$\overline{R}_D$ 均为高电平时，输出端 Q 的状态由输入端 D 的数据和时钟输入端 CP 确定。

74LS74 触发器逻辑功能如表 3.10.1 所示。

表 3.10.1　74LS74 触发器逻辑功能表

CP	$\overline{R}_D$	$\overline{S}_D$	D	Q^n	Q^{n+1}	$\overline{Q^{n+1}}$
×	1	0	×	×	1	0
×	0	1	×	×	0	1
⌐	1	1	1	×	1	0
⌐	1	1	0	×	0	1
⌐	1	1	×	Q^n	Q^n	$\overline{Q^n}$

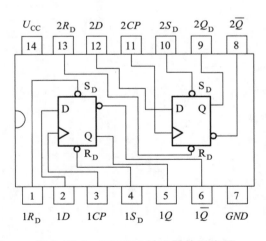

图 3.10.1　74LS74 触发器管引脚图

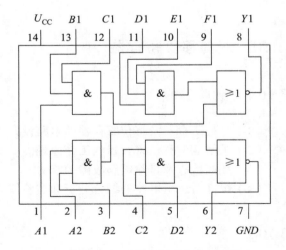

图 3.10.2　74LS51 与或非门引脚图

2）74LS51 与或非门

74LS51 与或非门逻辑电路如图 3.10.2 所示，一组是 3-3 输入端的与或非门，一组是 2-2 输入端的与或非门。即

$$Y_1 = \overline{A_1B_1C_1 + D_1E_1F_1}$$

$$Y_2 = \overline{A_2B_2 + C_2D_2}$$

2．双向移位寄存器

移位寄存器除了具有寄存数码的功能外，还具有移位功能。双向移位寄存器的功能是在移位脉冲作用下，能够把移位寄存器中的数依次向左移或向右移，其原理电路如图 3.10.3 所示。

1）各模块功能

电路如图 3.10.3 所示，下面采用分模块的方式论述各模块的作用。

（1）开关模块。

开关模块由电路图 3.10.3 中的五个开关（开关 X、R、L、R_D 和 S_D）组成。

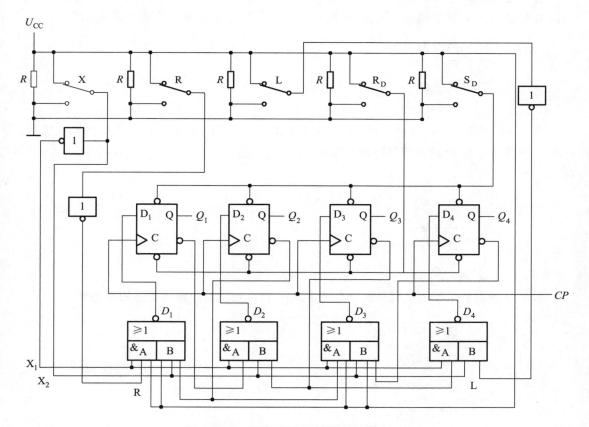

图 3.10.3　双向移位寄存器原理电路图

开关 X：决定移动寄存器中信号移动的方向（即左移或右移）。当开关 X 向上接电源（即 $X=1$）时，电路功能为左移移位寄存器；当开关 X 向下接地（即 $X=0$）时，电路功能为右移移位寄存器。

开关 R：决定右移移位寄存器的输入信号状态。当开关 R 向上接电源（即 $R=1$）时，右移移位寄存器的输入信号状态为 $D_1 = 1$；当开关 R 向下接地（即 $R = 0$）时，右移移位寄存器的输入信号状态为 $D_1 = 0$。

　　开关 L：决定左移移位寄存器的输入信号状态。当开关 L 向上接电源（即 $L = 1$）时，左移移位寄存器的输入信号状态为 $D_4 = 1$；当开关 L 向下接地（即 $L = 0$）时，左移移位寄存器的输入信号状态为 $D_4 = 0$。

　　开关 R_D、S_D：R_D 为复位端，S_D 为置位端。当开关 R_D、S_D 同时向上接电源（即 $R_D = 1$，$S_D = 1$）时，D 触发器的输出 Q 的状态由输入端 D 数据和时钟输入端 CP 确定；当开关 R_D 向下接地（即 $R_D = 0$），开关 S_D 向上接电源时，所有的 D 触发器输出端清零，即输出状态 $Q_4 Q_3 Q_2 Q_1 = 0$；当开关 S_D 向下接地（即 $S_D = 0$），开关 R_D 向上接电源时，所有的 D 触发器输出端置"1"，即输出状态 $Q_4 Q_3 Q_2 Q_1 = 1$。

　　（2）信号输入模块。

　　信号输入模块由四个与或非门组成。当 $X = 0$、$X_1 = 1$ 时，四个与或非门的与门 A 工作、与门 B 封锁，开关 R 的输入信号由 D_1 输入触发器，各 D 触发器的驱动方程为：

$$D_1 = R$$
$$D_2 = Q_1^n$$
$$D_3 = Q_2^n$$
$$D_4 = Q_3^n$$

　　当 $X = 1$、$X_2 = 1$ 时，四个与或非门的与门 B 工作、与门 A 封锁，开关 L 的输入信号由 D_4 输入触发器，各 D 触发器的驱动方程为

$$D_4 = L$$
$$D_3 = Q_4^n$$
$$D_2 = Q_3^n$$
$$D_1 = Q_2^n$$

　　（3）D 触发器模块。

　　四个 D 触发器组成的双向移位寄存器，其四个 D 触发器的输出状态的表达式为

$$\overline{Q_1^{n+1}} = \overline{\overline{X R} + \overline{X Q_2^n}}$$
$$\overline{Q_2^{n+1}} = \overline{\overline{X Q_1^n} + \overline{X Q_3^n}}$$
$$\overline{Q_3^{n+1}} = \overline{\overline{X Q_2^n} + \overline{X Q_4^n}}$$
$$\overline{Q_4^{n+1}} = \overline{\overline{X Q_3^n} + \overline{X L}}$$

　　2）工作原理

　　当开关 $X = 1$、$R_D = 1$、$S_D = 1$ 时，在脉冲作用下，开关 L 的信号由 D_4 触发器输入，形成左移移位寄存器；当开关 $X = 0$、$R_D = 1$、$S_D = 1$ 时，在脉冲作用下，开关 R 的信号由 D_1 触发器输入，形成右移移位寄存器；当开关 $R_D = 0$ 时，所有的 D 触发器的输出端状态为 $Q_4 Q_3 Q_2 Q_1 = 0$；当开关 $S_D = 0$ 时，所有的 D 触发器输出端的状态为 $Q_4 Q_3 Q_2 Q_1 = 1$。

3.10.3　预习内容

（1）预习双向移位寄存器概念；预习图 3.10.3 所示电路的工作原理。
（2）预习实验电路图 3.10.4 的测试原理及实验要求。
（3）撰写预习报告。

3.10.4　实验仪器、仪表和装置

实验仪器、仪表和装置包括：函数信号发生器、数字万用表、电子实验装置、反相器、与或非门、D 触发器、电阻、LED。

3.10.5　实验内容及步骤

按图 3.10.4 实验电路接线，CP 信号由函数信号发生器输入方波（或手动脉冲信号输入）。根据表 3.10.1 已知数据进行实验操作，用 LED 显示测试 D 触发器的状态 Q^n 和 Q^{n+1}，并记录于表 3.10.1 中。

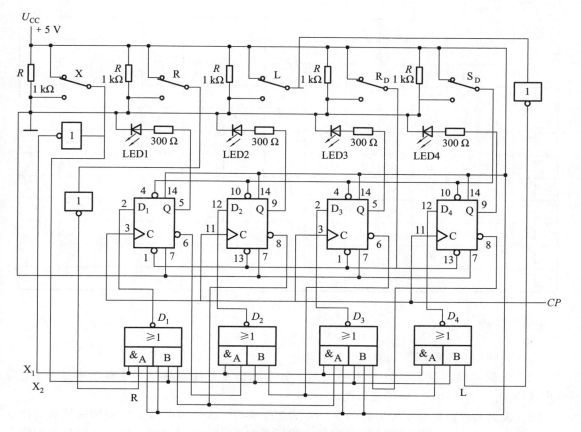

图 3.10.4　D 触发器组成双向移位寄存器实验电路

表 3.10.1　双向移位寄存器实验测试数据表

CP	$\overline{R_D}$	$\overline{S_D}$	X	L	R	Q_4^n	Q_3^n	Q_2^n	Q_1^n	Q_4^{n+1}	Q_3^{n+1}	Q_2^{n+1}	Q_1^{n+1}
×	0	1	×	×	×								
↑	1	1	1	1	×								
↑	1	1	1	0	×								
↑	1	1	1	1	×								
↑	1	1	1	1	×								
↑	1	1	1	1	×								
↑	1	1	1	1	×								
↑	1	1	1	1	×								
↑	1	1	1	0	×								
↑	1	1	1	1	×								
↑	1	1	1	1	×								
↑	1	1	1	0	×								
↑	1	1	1	0	×								
↑	1	1	0	×	1								
↑	1	1	0	×	1								
↑	1	1	0	×	0								
↑	1	1	0	×	1								
↑	1	1	0	×	0								
↑	1	1	0	×	0								
↑	1	1	0	×	1								
↑	1	1	0	×	1								
↑	1	1	0	×	1								
↑	1	1	0	×	0								
↑	1	1	0	×	1								
↑	1	1	0	×	1								

3.10.6　实验报告

（1）说明实验电路图 3.10.4 的工作原理。

（2）根据实验测量表 3.10.1 中的数据，分别画出左移和右移时，寄存器中 D 触发器输出状态 Q_4、Q_3、Q_2、Q_1 的波形图。

（3）根据实验数据和实验电路图 3.10.4 的工作原理，试说明由 D 触发器构成的双向移位寄存器是串行输入还是并行输入？是串行输出还是并行输出？并说明双向移位寄存器的输入端和输出端。

（4）在实验过程中，是否出现了什么问题？具体是怎么解决的？

（5）写出实验体会。

3.11　分频器

3.11.1　实验目的

（1）了解计数器的应用。

（2）掌握分频器电路的工作原理及分析方法。

（3）掌握分频器电路的工作状态表中的数据和时序波形图的测试方法。

（4）了解 M 进制计数器与分频器间的关系。

3.11.2　实验原理

1. 分频器概念

计数器可以作为变频器，例如四进制计数器的周期 T_4 是计数 CP 脉冲周期 T_{CP} 的 4 倍（$T_4 = 4T_{CP}$），八进制计数器的周期 T_8 是计数 CP 脉冲周期 T_{CP} 的 8 倍（$T_8 = 8T_{CP}$）。也就说，计数器的频率 f 与计数脉冲 CP 的频率 f_{CP} 之间，存在一定的变化规律，即二进制计数器的频率为 $\frac{1}{2}f_{CP}$，四进制计数器的频率为 $\frac{1}{4}f_{CP}$，八进制计数器的频率为 $\frac{1}{8}f_{CP}$，所以计数器也可作为"分频器"应用，即八进制计数器又称为八分频器（简称"八分频"）。

M 进制计数器可作为 M 分频器，其中 M（整数）$\geqslant 2$。

2. 双 JK 触发器 74LS112

双 JK 触发器 74LS112 的结构及引脚图如图 3.11.1 所示，其功能如表 3.11.1 所示。

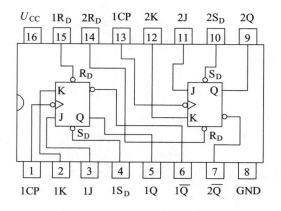

图 3.11.1　双 JK 触发器 74LS112 引脚图

表 3.11.1　JK 触发器功能表

输　　入					输　　出		功能说明
R_D	S_D	J	K	CP	Q^{n+1}	$\overline{Q^{n+1}}$	
0	1	×	×	×	0	1	状态直接置 0，即 $Q = 0$
1	0	×	×	×	1	0	状态直接置 1，即 $Q = 1$
1	1	0	0	↓	Q^n	$\overline{Q^n}$	保持原来状态不变，即 $Q^{n+1} = Q^n$
1	1	0	1	↓	0	1	CP 脉冲作用下，状态置 0，即 $Q^{n+1} = J$
1	1	1	0	↓	1	0	CP 脉冲作用下，状态置 1，即 $Q^{n+1} = J$
1	1	1	1	↓	$\overline{Q^n}$	Q^n	计数状态（翻转状态），即 $Q^{n+1} = \overline{Q^n}$
1	1	×	×	1	Q^n	$\overline{Q^n}$	保持原来状态不变，即 $Q^{n+1} = Q^n$
1	1	×	×	0	Q^n	$\overline{Q^n}$	保持原来状态不变，即 $Q^{n+1} = Q^n$
0	0	×	×	×	1	1	不允许 $R_D = S_D = 0$

注意：

（1）CP 脉冲是下降沿触发。

（2）R_D 是低电平置位、S_D 是低电平复位，而且是直接使输出状态置位，不受 CP 脉冲的控制。

（3）当 $J \neq K$ 时，在 CP 脉冲下降沿的作用下输出状态置位，即 $Q^{n+1} = J$。

（4）当 CP 脉冲为"0"，或为"1"，或"上升沿"状态下时，JK 触发器的输出状态保持不变。

（5）R_D、S_D 不能同时为低电平。

（6）JK 触发器的特性方程为 $Q^{n+1} = J\overline{Q^n} + \overline{K}Q^n$。

3．十分频器的逻辑电路分析

如图 3.11.2 所示电路为十分频器（即 8421BCD 码异步十进制计数器）的逻辑图。根据图 3.11.2 所示逻辑电路，可以写出各触发器的 CP 脉冲方程和驱动方程。

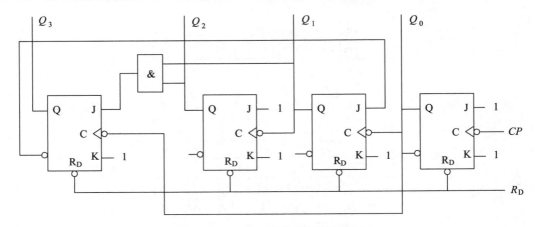

图 3.11.2　十分频器的逻辑电路图

CP 脉冲方程为

$$CP_0 = CP$$
$$CP_1 = Q_0$$
$$CP_2 = Q_1$$
$$CP_3 = Q_0$$

驱动方程为

$$J_0 = K_0 = 1$$
$$J_1 = \overline{Q_3^n}, \qquad K_1 = 1$$
$$J_2 = K_2 = 1$$
$$J_3 = Q_2^n \cdot Q_1^n, \qquad K_3 = 1$$

将上面的驱动方程代入 JK 触发器的特性方程 $Q^{n+1} = J\overline{Q^n} + \overline{K}Q^n$ 中，可以得到其逻辑电路的状态方程：

$$Q_0^{n+1} = \overline{Q_0^n}$$
$$Q_1^{n+1} = \overline{Q_3^n} \cdot \overline{Q_1^n}$$
$$Q_2^{n+1} = \overline{Q_2^n}$$
$$Q_3^{n+1} = \overline{Q_3^n} \cdot Q_2^n \cdot Q_1^n$$

由上面的 CP 方程和状态方程，可以列出逻辑电路的状态表；画出状态图 3.11.3 和时序波形图。

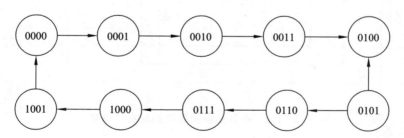

图 3.11.3　逻辑电路图的状态图

3.11.3　预习内容

（1）掌握相关 JK 触发器集成芯片的功能原理及管脚排列。

（2）预习分频器的基本概念。

（3）掌握图 3.11.2 所示的十分频器电路的工作原理，并完成对状态表 3.11.3 的分析和时序图 3.11.6 的分析。

（4）预习十分频逻辑电路的状态测量过程及注意事项。

（5）撰写预习报告。

3.11.4　实验仪器、仪表和装置

实验仪器、仪表和装置包括：双踪示波器、函数发生器、电子实验箱、双 JK 触发器、二输入端四与门。

3.11.5　实验内容及步骤

1．十分频逻辑电路状态测量

（1）按逻辑电路图 3.11.4 连接线路。

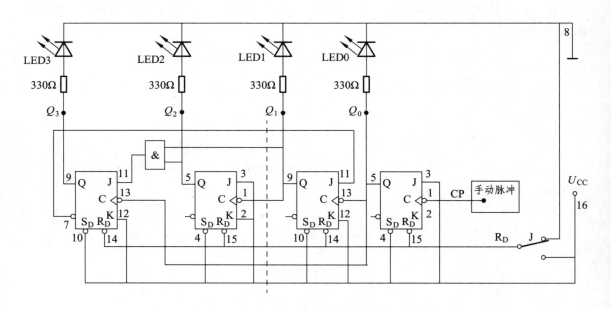

图 3.11.4　十分频逻辑电路的状态测量图

（2）将开关 J 接地，即 R_D 低电平置位，然后输入 CP 脉冲，通过 LED 观测每一个触发器 Q 的状态，并将其结果记录于表 3.11.2 中（记录：原来状态、计数 CP 脉冲、现在状态、等效十进制数）。

（3）将开关 J 接电源，即 R_D 为高电平。

（4）输入计数 CP 脉冲，完成表 3.11.2 中原来状态、计数 CP 脉冲、现在状态、等效十进制数等数据的测试，并记录于表 3.11.2 中。

表 3.11.2　十分频逻辑电路状态测量表

序号	置位		原来状态				计数 CP 脉冲				现在状态				等效十进制数
	R_D	S_D	Q_3^n	Q_2^n	Q_1^n	Q_0^n	CP_3	CP_2	CP_1	CP_0	Q_3^{n+1}	Q_2^{n+1}	Q_1^{n+1}	Q_0^{n+1}	
1	0	1													
2	1	1													
3	1	1													
4	1	1													
5	1	1													
6	1	1													
7	1	1													
8	1	1													
9	1	1													
10	1	1													
11	1	1													
12	1	1													

注意:

① 输入计数 CP 脉冲是什么沿触发。用"↓"表示下降沿触发;用"↑"表示上升沿触发;用"0"表示无触发沿产生。

② LED 不仅反映了触发器输出状态 Q 的变化情况,同时还反映了另一个触发器 CP 脉冲的触发沿的情况。

③ 不断重复上面实验步骤(4)的操作,记录每一个计数 CP 脉冲作用下的数据及状态情况,完成表 3.11.2 中数据的实验测量。

④ 在逻辑电路图 3.11.4 连接正确的条件下,如果实验测量过程中出现问题,注意必须重新从上面实验步骤(2)开始操作。

2. 十分频逻辑电路的时序图测量

(1)调节函数发生器输出电压为 1 V,选择输出波形为脉冲信号,在逻辑电路图 3.11.4 连接基础上,将 CP 脉冲改接为函数发生器,如图 3.11.5 所示。

(2)接通双踪示波器电源,预置好各开关旋钮,将示波器接入实验电路图 3.11.5 中,观察其波形是否失真,如果失真,则调节函数发生器和双踪示波器的相关参数值。

(3)将图 3.11.5 所示开关 J 接地,即 R_D 低电平置位,用示波器分别观察 $Q_3 \sim Q_0$ 的波形图和 LED 的状态，并记录绘制于图 3.11.6 中。

（4）将开关 J 接电源，即 R_D 为高电平，用示波器分别观察 $Q_3 \sim Q_0$ 的波形图与 CP 脉冲波形所对应的关系，并完成十分频逻辑电路的时序图的绘制。

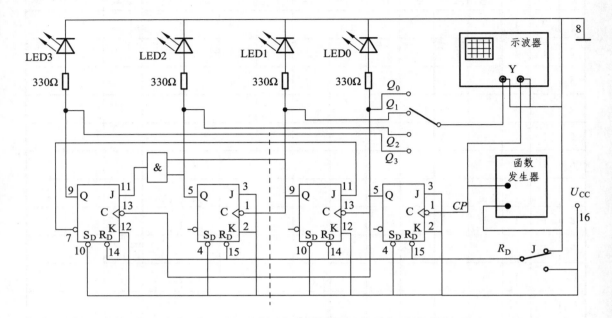

图 3.11.5　十分频逻辑电路的时序图电路图

图 3.11.6　十分频逻辑电路的时序图

3. 测量结束后操作

数据测量完成，测量数据经指导教师检查合格后，关闭电源，拆线。将所用的实验仪器、仪表及器件整理放置好，导线整理好。

3.11.6　实验报告

（1）分析分频器与计数器有何差异，M 进制的计数器是几分频的分频器？

（2）分析实验测量十分频逻辑电路的时序图 3.11.6，在十分频逻辑电路中，同时还具有哪些分频器功能？其所对应的输出端是什么？

（3）实验中有无故障？如果有，是怎样处理的？

（4）写出实验体会。

3.12　74LS290 异步计数器的应用

3.12.1　实验目的

（1）掌握 74LS290 异步计数器的工作原理。

（2）掌握应用 74LS290 异步计数器的应用方法。

（3）掌握应用"反馈清零法""反馈置数法"设计任意进制计数器的方法。

3.12.2　实验原理

1. 74LS290 的功能

74LS290 是一个二-五-十进制异步加法计数器，其芯片的管脚引线排列如图 3.12.1 所示。

当将图 3.12.1 所示逻辑电路的管脚 CP_B 与 Q_0 相连，CP_A 为计数脉冲 CP 的输入端，$Q_3 \sim Q_0$ 端为输出端，74LS290 则连接为如图 3.12.2 所示的 8421BCD 码计数器，其功能如表 3.12.1 所示。

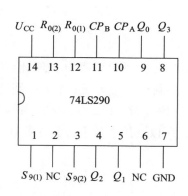

图 3.12.1　管脚引线排列

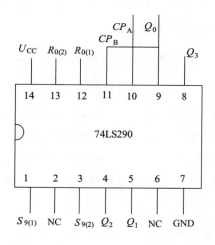

图 3.12.2　8421 码计数器

表 3.12.1　74LS290 连接为 8421BCD 码计数器的功能表

复位输入		置位输入		时钟	输　出				等效十进制数
$R_{0(1)}$	$R_{0(2)}$	$S_{9(1)}$	$S_{9(2)}$	CP_A	Q_3	Q_2	Q_1	Q_0	
1	1	0	×	×	0	0	0	0	0
		×	0	×	0	0	0	0	0
×	×	1	1	×	1	0	0	1	9
×	0	×	0	↓	0	0	0	0	0
0	×	0	×	↓	0	0	0	1	1
0	×	×	0	↓	0	0	1	0	2
×	0	0	×	↓	0	0	1	1	3
				↓	0	1	0	0	4
				↓	0	1	0	1	5
				↓	0	1	1	0	6
				↓	0	1	1	1	7
				↓	1	0	0	0	8
				↓	1	0	0	1	9
				↓	0	0	0	0	0

注意：（1）当两个置位输入端 $S_{9(1)}$、$S_{9(2)}$ 中有一个为低电平，而两个复位输入端 $R_{0(1)}$、$R_{0(2)}$ 同时为高电平时，输出状态被清零，即 $Q_3Q_2Q_1Q_0 = 0000$。

（2）当两个置位输入端 $S_{9(1)}$、$S_{9(2)}$ 同时为高电平时，计数器输出状态被置为置 9，即 $Q_3Q_2Q_1Q_0 = 1001$。

2. 74LS290 异步计数器应用分析

1）计数器芯片个数的确定

用 M 进制集成计数器构成 N 进制计数器时，如果 $M>N$，则可用 1 片 M 进制计数器实现，例如，计数器 $M = 10$，$N = 7$，则 $M>N$，即可用 1 片十进制计数器实现一个七进制计数器；如果 $M<N$，则要用多片 M 进制计数器来实现。例如，计数器 $M = 10$，$N = 360$，则 $M<N$，分析可知，3 片十进制计数器可实现 1000 进制的计数器，所以要用 3 片十进制计数器实现 360 进制计数器。

2）计数器应用的设计

设计相同进制的计数器，其设计方案可有所不同。一般，74LS290 计数器可分别用"反馈清零法"和"反馈置数法"两种方法来设计。

（1）反馈清零法。

① **设计 $M>N$ 的计数器**。第一步接成十进制计数器，第二步用输出为 N 的值清零。如图 3.12.4 所示。

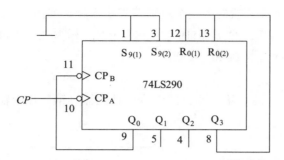

图 3.12.4　$M>N$ 的计数器 – 八进制计数器（反馈清零法）

先将图 3.12.4 电路中的 CP_B 与 Q_0 连接，构成十进制计数器；Q_3 与 $R_{0(1)}$、$R_{0(2)}$ 连接，计数器输出状态为 1000 时，计数器被清零，即计数器输出状态 $Q_3Q_2Q_1Q_0$ 为 0000，所以称为八进制计数器，其主循环状态图如图 3.12.5 所示。

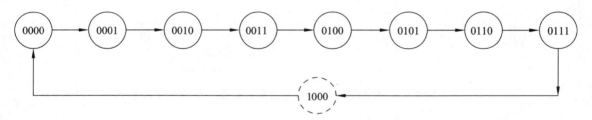

图 3.12.5　用反馈清零法接成八进制计数器的主循环状态图

② **设计 $M<N$ 的计数器**。第一步接成十进制计数器，第二步接成大于等于 N 进制计数器，第三步用输出为 N 的值清零。如图 3.12.6 所示。

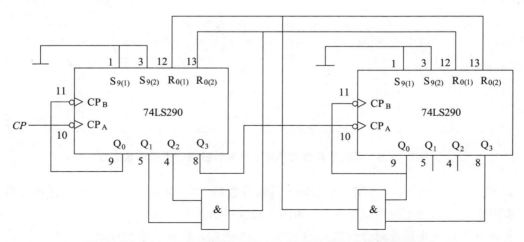

图 3.12.6　$M<N$ 的计数器 – 九十六进制计数器（反馈清零法）

例如：设计如图 3.12.6 所示的九十六进制计数器。

先将图 3.12.6 电路中每个计数器的 CP_B 与 Q_0 连接，构成十进制计数器。第一个计数器用输出 Q_2Q_1 信号相与后，分别接两个计数器的反馈清零输入端；第二个计数器的输出端 Q_3Q_0 信号相与后，分别接两个计数器的另一个反馈清零输入端，如图 3.12.6 所示。当两个计数器的输出状态分别为 1001（第二个）、0110（第一个）时（称为九十六进制计数器），两个计数器同时被清零，即输出状态为 0000、0000。

（2）反馈置数法。

① 设计 $M > N$ 的计数器。第一步接成十进制计数器，第二步用输出（N-1）的值反馈置 9。如图 3.12.7 所示。

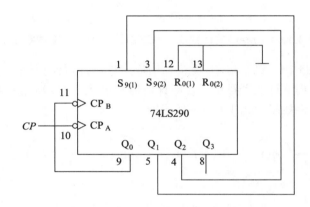

图 3.12.7　$M>N$ 的计数器图 – 七进制计数器（反馈置数法）

先将图 3.12.7 电路中的 CP_B 与 Q_0 连接，构成十进制计数器；Q_2、Q_1 分别与 $S_{9(1)}$、$S_{9(2)}$ 连接。当计数器输出状态 $Q_3Q_2Q_1Q_0$ 为 0110 时，计数器置数为 1001，当再来一个 CP 脉冲时，计数器输出状态 $Q_3Q_2Q_1Q_0$ 为 0000，所以称为七进制计数器，其主循环状态图如图 3.12.8 所示。

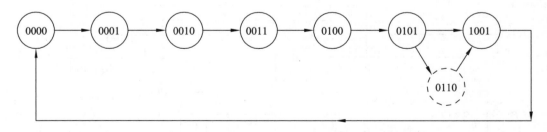

图 3.12.8　用反馈置数法接成七进制计数器的主循环状态图

② 设计 $M<N$ 的计数器。第一步接成十进制计数器，第二步接成大于等于 N 进制计数器，第三步用输出（$N-1$）的值反馈置 9。如图 3.12.9 所示。

先将图 3.12.9 电路中每个计数器的 CP_B 与 Q_0 连接，构成十进制计数器。第一个计数器的输出 Q_2Q_1 信号相与后，分别接两个计数器的反馈置数输入端；第二个计数器的输出端 Q_3

分别接两个计数器的另一个反馈置数输入端，如图 3.12.9 所示。当两个计数器的输出状态分别为 1000（第二个）、0110（第一个）时（称为八十六进制计数器），两个计数器同时被置数 1001，当再来一个 CP 脉冲时，两个计数器输出状态同时为 0000、0000。

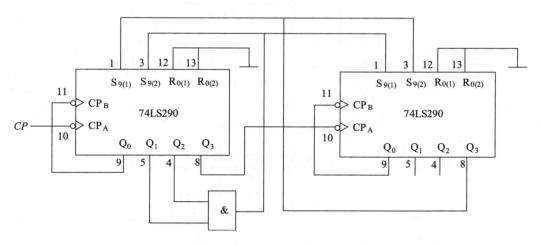

图 3.12.9　八十六进制计数器（反馈置数法）

3.12.3　预习内容

（1）预习 74LS290 计数器的工作原理，掌握 "反馈清零法" 和 "反馈置数法" 的设计原理。

（2）预习十进制以内计数器和大于十进制计数器的设计方法。

（3）预习实验内容及测试要求。

（4）撰写预习报告。

3.12.4　实验仪器、仪表和装置

实验仪器、仪表和装置包括：异步计数器 74LS290、二输入端四与门 74LS08、电子实验箱、万用表。

3.12.5　实验内容及步骤

1. 用 74LS290 构成十以内数的计数器

按图 3.12.10 电路接线。先将开关 J1 接 5 V 电源，置输出状态 $Q_3 \sim Q_0$ 为 0000。然后，再将开关 J1 接 Q_3 端。在 CP 脉冲作用下，根据图 3.12.10 中 LED 的测试情况，完成表 3.12.2 中实验数据的记录。

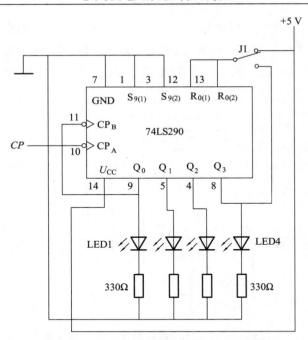

图 3.12.10　十以内数的计数器实验电路图

表 3.12.2　计数器实验数据表

计数 CP 脉冲	复位输入		置位输入		现在状态				等效十进制数
	$R_{0(1)}$	$R_{0(2)}$	$S_{9(1)}$	$S_{9(2)}$	Q_3	Q_2	Q_1	Q_0	
×									
1									
2									
3									
4									
5									
6									
7									
8									

2. 用 74LS290 构成大于十进制的计数器

按图 3.12.11 所示电路接线。先将开关 J1 和 J2 接 5 V 电源、J3 接地，置输出状态 $Q_3 \sim$ Q_0 为 0000。然后，再将开关 J1 和 J2 接地，J3 接 74LS290 的对应输出端 Q_0。在 CP 脉冲作用下，根据图 3.12.11 中 LED 的测试情况，完成表 3.12.3 中实验数据的记录。

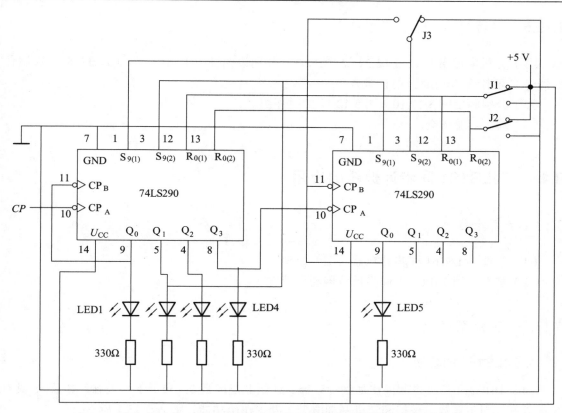

图 3.12.11　74LS290 构成大于十进制的计数器实验电路图

表 3.12.3　大于十进制的计数器实验数据表

计数 CP 脉冲	复位输入		置位输入		现在状态				等效十进制数
	$R_{0(1)}$	$R_{0(2)}$	$S_{9(1)}$	$S_{9(2)}$	Q_0	Q_3	Q_2	Q_1	
×									
1									
2									
3									
4									
5									
6									
7									
8									
9									
10									
11									
12									
13									

3.12.6　实验报告

（1）分析实验数据表 3.12.2、表 3.12.3，分别说明图 3.12.10、图 3.12.11 是几进制计数器，是用什么方法设计的计数器。

（2）分别画出图 3.12.10、图 3.12.11 的时序图。

（3）写出实验体会。

3.13　74LS161 同步计数器的应用

3.13.1　实验目的

（1）掌握 74LS161 同步计数器的工作原理。

（2）掌握应用 74LS161 同步计数器的设计方法。

3.13.2　实验原理

1. 74LS161 的功能

74LS161 是 4 位二进制同步加法计数器，计数器范围是 0 ~ 15（十六进制计数器），具有异步清零、同步置数、保持和二进制加法计数器等逻辑功能，如表 3.13.1 所示。

表 3.13.1　74LS161 的功能表

清零	预置	使能		时钟	预置数据输入				输出			
R_D	LD	EP	ET	CP	D_3	D_2	D_1	D_0	Q_3	Q_2	Q_1	Q_0
0	×	×	×	×	×	×	×	×	0	0	0	0
1	0	×	×	↑	D_3	D_2	D_1	D_0	D_3	D_2	D_1	D_0
1	1	0	×	×	×	×	×	×	保　持			
1	1	×	0	×	×	×	×	×	保　持			
1	1	1	1	↑	×	×	×	×	加法计数			

说明：

（1）异步清零。清零端 R_D 接低电平时，不管其他输入的状态如何，输出端 Q_3 ~ Q_0 都为 0000，进位输出端 RCO 状态为 0。注意其与 CP 脉冲无关。

（2）同步置数。在清零端 R_D 接高电平和预置端 LD 低电平的条件下，输入一个 CP 脉冲（上升沿），预置数据输入端的信号 D_3 ~ D_0 分别在输出端 Q_3 ~ Q_0 输出，进位输出端 RCO 状态为 0。

（3）保持。清零端 R_D 和预置端 LD 都接高电平，并且 EP 或 ET 为低电平时，计数器的输出状态保持不变。注意其与 CP 脉冲无关。另外，如 $EP = 0$，$ET = 1$，进位输出端 RCO 状态保持不变；如 $ET = 0$，进位输出端 RCO 状态为 0。

（4）计数。清零端、预置端和使能端都接高电平时，74LS161 计数器处于计数状态，即计数状态为 0000～1111。

（5）进位。当计数器输出端 $Q_3 \sim Q_0$ 为 1111 时，进位输出端 $RCO = 1$；当计数器输出端 $Q_3 \sim Q_0$ 由 1111 转换为 0000 时，进位输出端 $RCO = 0$。

2. 74LS161 计数器管脚排列

74LS161 计数器的管脚排列如图 3.13.1 所示。

3. 74LS161 计数器的应用分析

（1）异步清零法（又称反馈清零法）。

当输出状态 $Q_3 \sim Q_0$ 的模为 M 时，利用异步清零端 R_D 清零，使输出状态 $Q_3 \sim Q_0$ 为 0000。如图 3.13.2 所示。

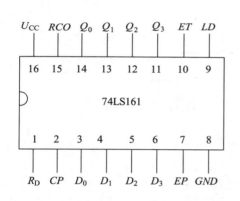

图 3.13.1　76LS161 管脚排列

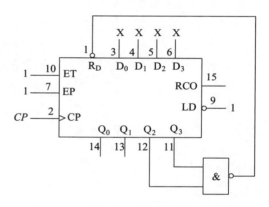

图 3.13.2　十二进制计数器

图 3.13.2 预置数据输入端为任意项，预置输入端 LD、使能输入端 EP、ET 接高电平，根据 M 进制计数器的数据，用 $M = Q_3 Q_2 Q_1 Q_0$ 信号清零。如图 3.13.2 所示，$M = Q_3 Q_2 Q_1 Q_0 = 1100$，其状态图如图 3.13.3 所示。

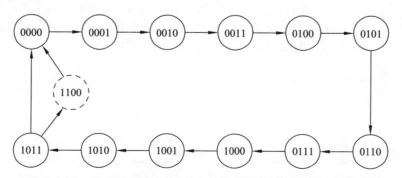

图 3.13.3　用异步清零法接成十二进制计数器的主循环状态图

（2）同步置数法（又称反馈置数法）。

同步置数法是一种比较灵活的设计方法，主要是通过计数器输出端的状态 $Q_3 \sim Q_0$、预置输入端 LD、预置数据输入 $D_3 \sim D_0$ 和进位输出端 RCO 的相互作用，达到设计功能的要求。如图 3.13.4 所示的电路图都是十二进制计数器，只是各自的设计方法有所不同。

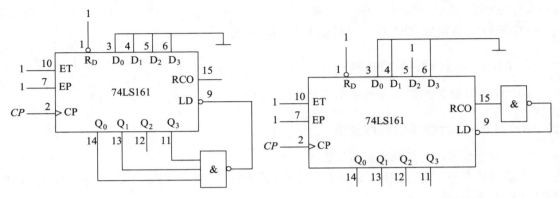

（a）十二进制计数器电路图 1　　　　　　（b）十二进制计数器电路图 2

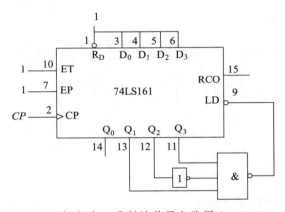

（c）十二进制计数器电路图 3

图 3.13.4　3 种不同的十二进制计数器设计方案（同步置数法）

图 3.13.4（a）：预置数据输入 $D_3 \sim D_0 = 0000$，当预置输入端 $LD = 0$ 时，在 CP 脉冲上升沿的作用下，计数器输出状态 $Q_3Q_2Q_1Q_0 = 0000$。而预置端 LD 的输入信号取决于计数器的模 M，即由（M-1）信号的反函数加至 LD 端。十二进制计数器的 $M = 1100$，则预置端 LD 输入信号为 1011。图 3.13.4（a）的输出状态 $Q_3 \sim Q_0$ 主循环方式如图 3.13.5 所示。

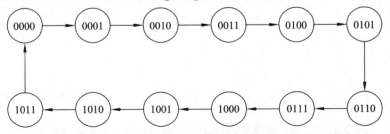

图 3.13.5　用同步置数法接成十二进制计数器的主循环状态图 1

图 3.13.4（b）：74LS161 是十六进制计数器，可用预置数据输入 $D_3 \sim D_0$ 端的数据，确定计数器的起始状态，即十二进制计数器的起始数据为（16 – 12 =）4，预置数据输入为 0100。而预置端 LD 的输入信号可用进位端 RCO 的输出信号来实现。图 3.13.4（b）的输出状态 $Q_3 \sim Q_0$ 主循环如图 3.13.6 所示。

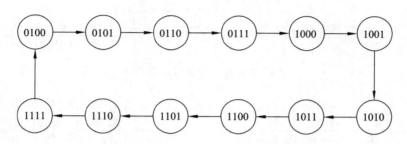

图 3.13.6　用同步置数法接成十二进制计数器的主循环状态图 2

图 3.13.4（c）：通过预置最后一组输出状态为 1111 方式来实现 M 进制计数器功能，即用（M-2）的数据的反函数为预置端 LD 输入信号。十二进制计数器用 1010 的反函数为预置端 LD 输入信号，图 3.13.4（c）的输出状态 $Q_3 \sim Q_0$ 主循环如图 3.13.7 所示。

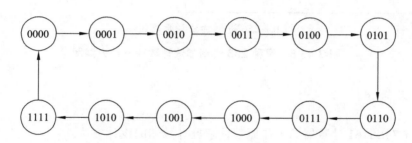

图 3.13.7　用同步置数法接成十二进制计数器的主循环状态图 3

（3）用 74LS161 构成大于 16 进制的加法计数器。

一片 74LS161 为 16 进制计数器，两片 74LS161 可组成 (16×16) = 256 进制的加法计数器。用两片 74LS161 组成 256 进制计数器方案有两种，如图 3.13.8 所示。

图 3.13.8（a）是利用进位端为另一片的 CP 脉冲来实现 256 进制计数器功能，即低位芯片逢 16 进高位芯片 1，则实现 256 进制计数器的功能。

图 3.13.8（b）是利用使能端（ET、EP）控制芯片的计数器功能，当低位计数器输出状态为 1111 时，进位输出端 $RCO = 1$，则高位使能端的输入信号为 $ET = EP = 1$，在再来一个 CP 脉冲上升沿的作用下，高位计数器加 1 计数，同时，低位计数器的进位输出端 $RCO = 0$，输出状态变为 0000。当低位计数器的 $RCO = 0$ 时，高位计数器处于保持状态。

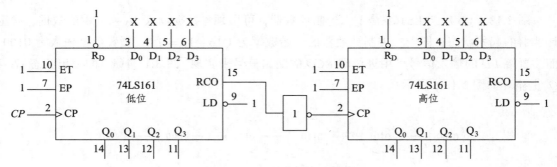

（a）256 进制加法计数器图 1

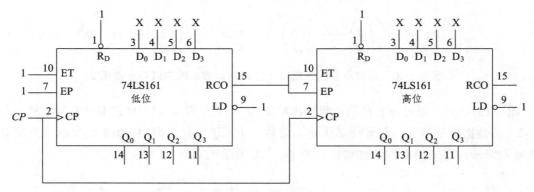

（b）256 进制加法计数器图 2

图 3.13.8　两种 256 进制加法计数器设计方案图

3.13.3　预习内容

（1）预习 74LS161 计数器的工作原理，掌握计数器的设计方法。

（2）预习实验原理，掌握计数器的扩展方法。

（3）分析实验电路图 3.13.9、图 3.13.10 的功能，并分别分析说明实验电路图是几进制计数器。

（4）撰写预习报告。

3.13.4　实验仪器、仪表和装置

实验仪器、仪表和装置包括：同步计数器 74LS161、三输入与非门 74LS12、万用表、电子实验箱。

3.13.5　实验内容及步骤

1. 小于 16 的任意进制同步计数器

（1）按图 3.13.9 所示电路接线。先将开关 J 接地，置输出状态 $Q_3Q_2Q_1Q_0$ 为 0000。然后，

再将开关 J 接 5 V 电源。开始测试实验数据，即在 *CP* 脉冲作用下，根据图 3.13.9 中 LED 的测试情况，完成表 3.13.2 中实验数据的记录。

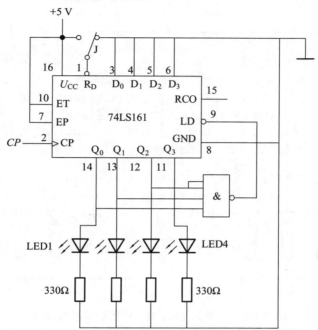

图 3.13.9　小于 16 进制计数器的实验电路图

表 3.13.2　74LS161 的功能表

清零	预置	使能		时钟	输出			
R_D	LD	EP	ET	CP	Q_3	Q_2	Q_1	Q_0

（2）按图 3.13.10 所示电路接线。先将开关 J1、J2 接地，置两个计数器的输出状态都为 0000。然后，再将开关 J1、J2 接 5 V 电源。开始测试实验数据，即在 *CP* 脉冲作用下，根据图 3.13.10 中 LED 的测试情况，完成表 3.13.3 中实验数据的记录。

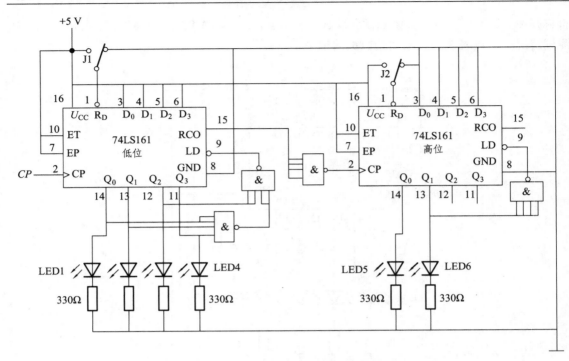

图 3.13.10　两片 74LS161 计数器实验电路图

表 3.13.3　74LS161 的功能表

清零（J2）	清零（J1）	预置（高位）	预置（低位）	时钟（高位）	时钟（低位）	输出（高位）		输出（低位）			
R_D	R_D	LD	LD	CP	CP	Q_1	Q_0	Q_3	Q_2	Q_1	Q_0

3.13.6　实验报告

（1）分析实验数据表 3.13.2、表 3.13.3，分别说明图 3.13.9、图 3.13.10 是几进制计数器，并分别画出状态图和时序图。

（2）写出实验体会。

3.14　计数-译码-数码显示综合性实验

3.14.1　实验目的

（1）了解中规模集成计数器 74LS290 的逻辑功能和使用方法。

（2）学习中规模集成显示译码器和数码显示器配套的使用方法。

3.14.2　实验原理

数字显示电路是许多数字仪器、仪表及设备中不可缺少的部分。本实验将实现一个基本的数字显示电路功能，其电路主要是由计数器、译码器和 LED 七段数码显示器等部分组成，如图 3.14.1 所示。

图 3.14.1　数字显示电路组成框图

1. 计数器 74LS290 的工作原理

74LS290 是异步十进制计数器。其逻辑电路图如图 3.14.2 所示。它由 1 个 1 位二进制计数器和 1 个异步五进制计数器组成。

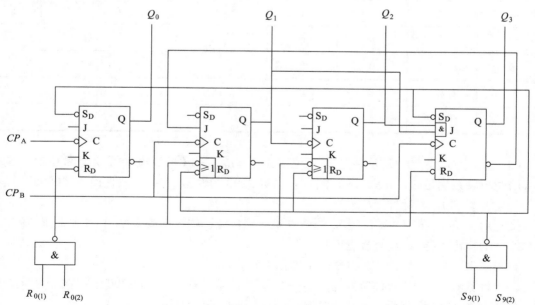

图 3.14.2　异步十进制计数器 74LS290 逻辑电路图

1）1 位二进制计数器

当图 3.14.2 所示电路以 CP_A 为计数脉冲的输入端，Q_0 端为输出端，则集成计数器 74LS290 的功能为二进制计数器。

2）五进制计数器

当图 3.14.2 所示电路以 CP_B 为计数脉冲的输入端，$Q_3 \sim Q_1$ 端为输出端，则集成计数器 74LS290 的功能为五进制计数器。

3）十进制计数器

当图 3.14.2 所示电路中 CP_B 与 Q_0 相连后，CP_A 为计数脉冲的输入端，$Q_3 \sim Q_0$ 端为输出端，则集成计数器 74LS290 的功能为 8421BCD 码十进制计数器。

4）逻辑功能

74LS290 的管脚引线排列如图 3.14.3 所示，其逻辑功能如表 3.14.1 所示。由功能表 3.14.1 分析可知：

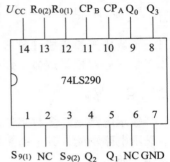

图 3.14.3　74LS290 管脚引线排列图

表 3.14.1　74LS290 的功能表

复位输入		置位输入		时钟	输出			
$R_{0(1)}$	$R_{0(2)}$	$S_{9(1)}$	$S_{9(2)}$	CP	Q_3	Q_2	Q_1	Q_0
1	1	0	×	×	0	0	0	0
		×	0	×	0	0	0	0
×	×	1	1	×	1	0	0	1
×	0	×	0	↓	计数			
0	×	0	×	↓	计数			
0	×	×	0	↓	计数			
×	0	0	×	↓	计数			

（1）$R_{0(1)}$、$R_{0(2)}$ 端为"复位端"。当复位端 $R_{0(1)} = R_{0(2)} = 1$（即高电平），并且置位输入 $S_{9(1)}$、$S_{9(2)}$ 的逻辑关系满足 $S_{9(1)} = S_{9(2)} = 0$ 条件时，74LS290 的输出 $Q_3 \sim Q_0$ 被直接置"0000"。

注意：置"0"与脉冲 CP 无关。

（2）$S_{9(1)}$、$S_{9(2)}$ 端为"置位端"。当置 9 端 $S_{9(1)} = S_{9(2)} = 1$（即高电平），计数器置"9"，即 74LS290 的输出 $Q_3 \sim Q_0$ 被直接置"1001"。

注意：置"9"与脉冲 CP 和复位端 $R_{0(1)}$、$R_{0(2)}$ 无关。

（3）计数状态。当同时满足 $R_{0(1)}R_{0(2)} = 0$ 和 $S_{9(1)}S_{9(2)} = 0$ 时，74LS290 工作在计数状态下，即在计数脉冲 CP（下降沿）作用下实现二-五-十进制加法计数。

2. 74LS247 译码器

74LS247 译码器的管脚引线排列如图 3.14.4 所示，其功能如表 3.14.2 所示。各管脚功能为：

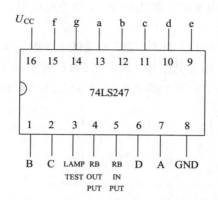

图 3.14.4　74LS247 译码器的管脚引线排列图

表 3.14.2　74LS247 译码器功能表

十进制数或功能	输　入						BI/RBO	输　出							字形
	LT	RBI	D	C	B	A		a	b	c	d	e	f	g	
消隐	×	×	×	×	×	×	0	1	1	1	1	1	1	1	全灭
测试	0	×	×	×	×	×	1	0	0	0	0	0	0	0	8
0	1	1	0	0	0	0	1	0	0	0	0	0	0	1	0
1	1	1	0	0	0	1	1	1	0	0	1	1	1	1	1
2	1	1	0	0	1	0	1	0	0	1	0	0	1	0	2
3	1	1	0	0	1	1	1	0	0	0	0	1	1	0	3
4	1	1	0	1	0	0	1	1	0	0	1	1	0	0	4
5	1	1	0	1	0	1	1	0	1	0	0	1	0	0	5
6	1	1	0	1	1	0	1	0	1	0	0	0	0	0	6
7	1	1	0	1	1	1	1	0	0	0	1	1	1	1	7
8	1	1	1	0	0	0	1	0	0	0	0	0	0	0	8
9	1	1	1	0	0	1	1	0	0	0	1	1	0	0	9

管脚 9 ~ 15（a ~ g）：输出端，低电平有效，可直接驱动 BS204 共阳极 LED 七段数码管，七段数码管如图 3.14.5 所示。

管脚 3（LT）：灯测试输入端（低电平有效）。

管脚 4（BI/RBO）：消隐输入端（低电平有效）。

管脚 5（*RBI*）：脉冲消隐输入端（低电平有效）。

管脚 7、1、2、6（*A*、*B*、*C*、*D*）：译码地址输入端，计数器的输出是译码地址的输入，如图 3.14.6 所示。

（1）当 *BI* 端输入端为低电平时，输出端 *a* ~ *g* 全为高电平，BS201A 共阴极 LED 七段数码管全灭。

（2）当 *BI* 端输入端为高电平，而 *LT* 端输入端低电平时，无论其他输入端是什么状态，输出端 *a* ~ *g* 全为低电平，BS201A 共阴极 LED 七段数码管显示字形 8，即测试显示器的好坏。

（3）当 *BI* 端、*RBI* 端、*LT* 端都为高电平时，74LS248 译码器正常工作。

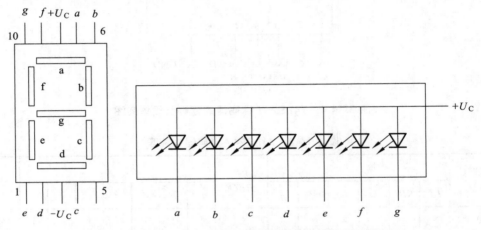

图 3.14.5　BS204 共阳极 LED 七段数码管外引线排列

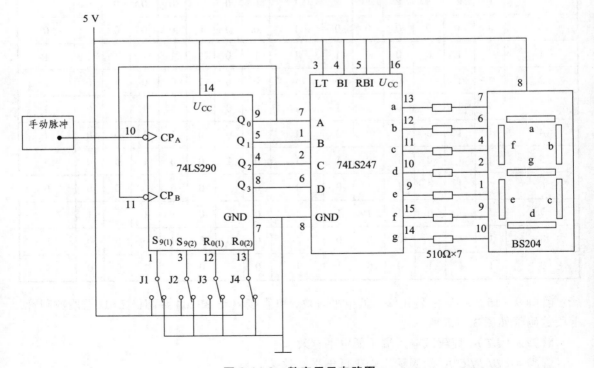

图 3.14.6　数字显示电路图

3. BS201A 共阴极 LED 七段数码管

由图 3.14.5 分析可得，当 $a \sim g$ 输入端有低电平时，则低电平输入端所对应的 LED 导通发光。例如 $a \sim g$ 输入端电平为 0000110，则 f、e 端输入为高电平使发光二极管灭，其余输入端为低电平而发光，显示字形为"3"。

4. 数字显示电路

数字显示电路如图 3.14.6 所示。

（1）74LS290 接成十进制计数器（即输出端 $Q_3 \sim Q_0$ 为二进制数码 0000 ~ 1001），置 9 端和复位端分别接逻辑开关 J1 ~ J4。

（2）74LS290 计数器的输出端 $Q_3 \sim Q_0$ 接 74LS247 译码器的译码地址输入端。

（3）74LS247 译码器的输出端 $a \sim g$ 驱动 BS204 共阳极 LED 七段数码管。中间串入的电阻（510 Ω 左右）为限流电阻。

（4）74LS290 计数器的时钟脉冲 CP 端接手动单次脉冲源。

3.14.3　预习内容

（1）阅读实验原理及内容，明确实验目的。
（2）熟悉本次实验使用的集成元件功能及外引线排列。
（3）预习实验内容、逻辑图和操作步骤。
（4）撰写预习报告。

3.14.4　实验仪器、仪表和装置

实验仪器、仪表和装置包括：万用表、函数发生器、电子实验箱、共阳 LED 七段数码管、74LS247 译码器、二-五-十进制计数器、BCD 七段显示译码器。

3.14.5　实验内容及步骤

1. 十进制计数器功能测试

按图 3.14.7 电路接线，测试"BCD 十进制计数器"的功能。

1）74LS290 复位端 $R_{0(1)}$、$R_{0(2)}$ 功能测试。

将复位端 $R_{0(1)}$、$R_{0(2)}$ 接高电平，即开关 J3、J4 接电源端；置位输入 $S_{9(1)}$、$S_{9(2)}$ 接低电平，即开关 J1、J2 接地。观测 74LS290 的输出 $Q_3 \sim Q_0$ 的状态，并记录于表 3.14.3 中。

再加入计数 CP 脉冲，观测 74LS290 的输出 $Q_3 \sim Q_0$ 的状态是否有变化。将观测结果记录于表 3.14.3 中。

2）74LS290 置位端 $S_{9(1)}$、$S_{9(2)}$ 端功能测试

将置 9 端 $S_{9(1)}$、$S_{9(2)}$ 接高电平，即开关 J1、J2 接电源端，观测 74LS290 的输出 $Q_3 \sim Q_0$ 的状态，并记录于表 3.14.3 中。

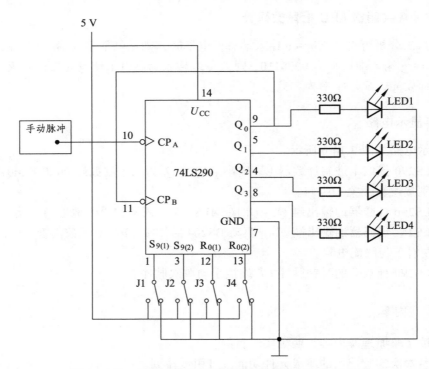

图 3.14.7　74LS290 计数器的十进制计数功能测试图

表 3.14.3　十进制计数器功能测试数据表

复位输入		置位输入		时钟	输出			
$R_{0(1)}$	$R_{0(2)}$	$S_{9(1)}$	$S_{9(2)}$	CP	Q_3	Q_2	Q_1	Q_0
1	1	0	0					
1	1	1	1					
0	0	0	0					
0	0	0	0					
0	0	0	0					
0	0	0	0					
0	0	0	0					
0	0	0	0					
0	0	0	0					
0	0	0	0					
0	0	0	0					
0	0	0	0					

　　然后改变开关 J3、J4 的状态，观测 74LS290 的输出 $Q_3 \sim Q_0$ 的状态是否有变化。将观测结果记录于表 3.14.3 中。

　　再加入计数 CP 脉冲，观测 74LS290 的输出 $Q_3 \sim Q_0$ 的状态是否有变化。将观测结果记录于表 3.14.3 中。

3）74LS290 十进制计数状态功能测试

将"复位端"和"置位端"同时接入低电平，即开关 J1、J2、J3、J4 接地，观测在计数脉冲 CP 作用下 74LS290 的输出 $Q_3 \sim Q_0$ 的状态，并记录于表 3.14.3 中，同时注明计数脉冲 CP 是"上升沿"触发还是"下降沿"触发。

2. 数字显示电路

按图 3.14.6 所示电路连接。重复 74LS290 复位端 $R_{0(1)}$、$R_{0(2)}$ 端功能、置位端 $S_{9(1)}$、$S_{9(2)}$ 端功能、十进制计数状态功能的测试，并观测"数码管字形"的显示，将测试结果记录于表 3.14.4 中。

表 3.14.4　十进制计数器功能测试数据表

复位输入		置位输入		时钟	数码管
$R_{0(1)}$	$R_{0(2)}$	$S_{9(1)}$	$S_{9(2)}$	CP	字形
1	1	0	0		
1	1	1	1		
0	0	0	0		
0	0	0	0		
0	0	0	0		
0	0	0	0		
0	0	0	0		
0	0	0	0		
0	0	0	0		
0	0	0	0		
0	0	0	0		
0	0	0	0		

3. 测量结束后操作

数据测量完成，测量数据经指导教师检查合格后，关闭电源，拆线。将所用的实验仪器、仪表及器件整理放置好，导线整理好。

3.14.6　实验报告

（1）根据实验结果，画出数字显示电路复位端 $R_{0(1)}$、$R_{0(2)}$、置位端 $S_{9(1)}$、$S_{9(2)}$、计数脉冲 CP 及输出 $Q_3 \sim Q_0$ 的波形图。

（2）写出实验体会。

3.15　555 集成定时器及其应用

3.15.1　实验目的

（1）掌握 555 集成定时器的工作原理。

（2）掌握 555 集成定时器组成的多谐振荡器、单稳态触发器和施密特触发器的电路原理。

（3）掌握多谐振荡器、单稳态触发器和施密特触发器参数的确定和输出电压信号波形、频率的测量及分析方法。

3.15.2　实验原理

555 集成定时器是目前广泛应用的一种集成器件，它可以构成单稳态电路、施密特触发器、多谐振荡器、波形发生器和分频电路等，由此便能引出更多的应用实例。如过压、超速报警、调频振荡、时序发生和变换等电路。在数字、模拟仪表（如频率计、电压表和电容测量仪等）中应用十分广泛。

1. NE555 集成定时器逻辑电路和功能简介

NE555 集成定时器的逻辑电路如图 3.15.1 所示。其中，由于两个运算放大器工作在比较器状态下，所以 3 个 5 kΩ 电路可视为串联，则得两个比较器的比较电压为

$$V_1 = \frac{1}{3}U_{\text{CC}}$$

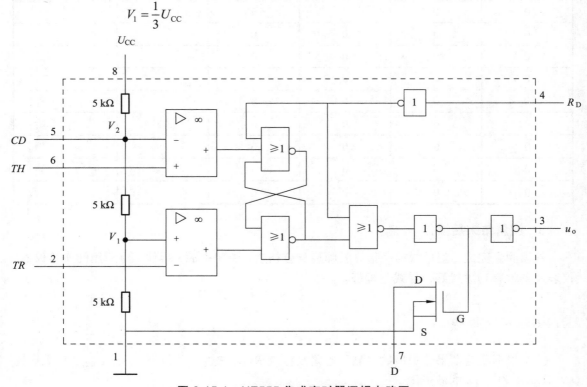

图 3.15.1　NE555 集成定时器逻辑电路图

$$V_2 = \frac{2}{3} U_{CC}$$

（1）NE555 集成定时器管脚简介。

管脚 1 为接地端：通常被连接到电路共同接地点。

管脚 2 为触发输入端：管脚 2 和管脚 6 是互补的，管脚 2 为低电平时，触发管脚 3 输出电压为高电平，即触发输入电压小于 V_1 时起作用。因此，管脚 2 是触发 NE555 的时间周期启动端。注意，触发输入信号上沿电压须大于 V_2，下沿须低于 V_1。

管脚 3 为输出端：输出电压 u_o 的高电平是约为比电源电压少 1.7 V 的高电位，即 $u_o = U_{CC} - 1.7$（V）；低电平是约为 0 V 的低电位。输出电压 u_0 为高电位时的最大输出电流约为 200 mA。

管脚 4 为复位输入端：当输入一个低逻辑电位时，即管脚 4 电位小于 0.4 V，不管其他输入状态如何，将置定时器的输出端为低电位。一般定时器在正常工作时，管脚 4 被接到正电源或忽略不用。

管脚 5 为电压控制端：当定时器运行在稳定或振荡方式下时，可通过管脚 5 的输入电压改变或调整输出信号的频率。

管脚 6 为阈值输入端：对高电平起作用，即管脚 6 输入电压大于 $\frac{2}{3} U_{CC}$、管脚 2 输入电压大于 $\frac{1}{3} U_{CC}$ 时，管脚 3 输出电压 u_o 为低电平。

管脚 7 为放电端：当 MOS 管为导通状态时，管脚 7 为低电平，即管脚 7 对地等效为低阻抗；当 MOS 管为截止状态时，管脚 7 的电压为高电平，即管脚 7 对地等效为高阻抗。管脚 7 与管脚 3 是同步输出，输出电平一致，但管脚 7（截止状态）并不输出电流，所以管脚 3 称为实高（或实低）电压，而管脚 7 称为虚高（或实低）电压。

管脚 8 为电压源输入端：输入电压的范围是 + 4.5 ~ + 16 V。

NE555 集成定时器的管脚外引线排列如图 3.15.2 所示。

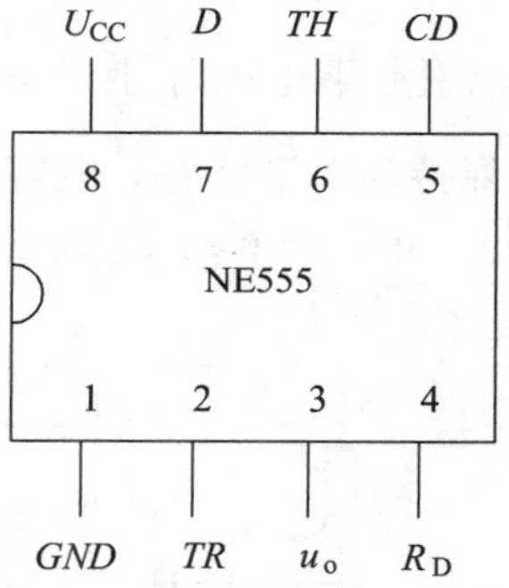

图 3.15.2 NE555 集成定时器外引线排列

（2）NE555 集成定时器功能。

分析图 3.15.1 可知，555 定时器的主要功能取决于运算放大器构成的两个比较器，比较器的输出是基本 *RS* 触发器（由两个或非门组成 *RS* 触发器）的输入，从而控制管脚 3 的输出和 MOS 管的状态。其功能如表 3.15.1 所示。

表 3.15.1 555 集成定时器的功能表

输 入			输 出	
R_D（管脚 4）	TH（管脚 6）	TR（管脚 2）	u_o（管脚 3）	MOS 管（管脚 7）
0	×	×	0	导通
1	$> \frac{2}{3} U_{CC}$	$> \frac{1}{3} U_{CC}$	0	导通
1	$< \frac{2}{3} U_{CC}$	$< \frac{1}{3} U_{CC}$	1	截止
1	$< \frac{2}{3} U_{CC}$	$> \frac{1}{3} U_{CC}$	原态	原态

注意： 如果在电压控制端管脚 5 外加一个电压（即外加电压值在 $0 \sim U_{CC}$ 之间），则比较器的参考电压 V_1、V_2 将发生变化，从而引起电路中对应管脚 6 和管脚 2 的比较电平也随之变化，进而影响电路的工作状态。

2. 555 集成定时器的应用

555 集成定时器的外接电路不同，其应用效果不同。下面介绍三种基本的应用，也是各种电子电路系统中常应用的电路，即多谐振荡器、单稳态触发器和施密特触发器。

（1）多谐振荡器（又称为"无稳电路"）。

多谐振荡器可自动产生不同占空比的方波或脉冲波形，其电路如图 3.16.3（a）所示。下面分段分析电路的工作原理。

① 电路充电状态。

在图 3.15.3（a）没有接通电源 U_{CC} 前，电路中的电容上电压 u_C 为零，即 $u_C(0_-) = 0$。当 $t = 0$ 时，图 3.15.3（a）接入电源 U_{CC}，由于电容上的端电压 u_C 不发生跃变，即 $u_C(0_+) = 0$，因此，管脚 2、6 输入的电压为零，即 $u_C < \frac{1}{3}U_{CC}$。由根据功能表 3.15.1 可知，管脚 3 的输出电压 u_o 为高电平，MOS 管的栅极 G 电压为低电平（即 MOS 管为截止状态），管脚 7 对地呈高阻状态，电源 U_{CC} 通过电阻 R_1、R_2 向电容 C 充电，其充电原理电路如图 3.15.3（b）所示。电容 C 充电引起端电压 u_C 上升（按指数规律上升），只要充电电压 $u_C < \frac{2}{3}U_{CC}$，则管脚 3 的输出电压 u_o 保持高电平状态。电容电压 u_C 的充电过程和管脚 3 的输出电压 u_o 变化的对应关系，如图 3.15.4 中波形 $0 < t < t_1$ 时所示。

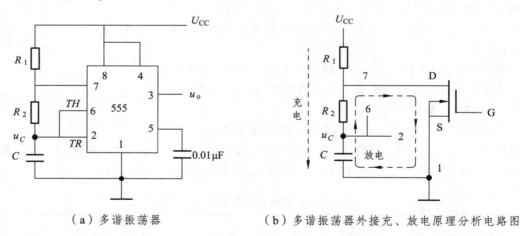

　（a）多谐振荡器　　　　　　　　　（b）多谐振荡器外接充、放电原理分析电路图

图 3.15.3　555 集成定时器的多谐振荡器应用电路图

② 电路放电状态。

当电容电压 u_C 充电上升到 $u_C > \frac{2}{3}U_{CC}$ 时，管脚 3 的输出电压 u_o 为低电平，MOS 管的栅极 G 电压为高电平（即 MOS 管为导通状态），管脚 7 对地呈低阻状态，电容 C 通过电阻 R_2、MOS 管构成放电回路，其放电原理电路如图 3.15.3（b）所示，电容电压 u_C 随着放电开始下

降（即按指数规律下降），在下降过程中，只要电容电压 $u_C > \frac{1}{3}U_{CC}$，管脚 3 输出电压 u_o 保持低电平（见功能表 3.15.1）。放电状态下电容电压 u_C 和输出电压 u_o 的变化关系，如图 3.15.4 中波形 $t_1 < t < t_2$ 时所示。

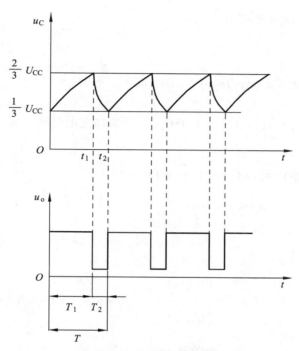

图 3.15.4　多谐振荡波形图

③ 多谐振荡状态。

当电容电压 u_C 放电下降到小于 $\frac{1}{3}U_{CC}$ 时，管脚 3 的输出为高电平，MOS 管的栅极 G 为低电平（MOS 管截止），管脚 7 对地呈高阻状态，电源 U_{CC} 通过电阻 R_1、R_2 向电容 C 开始充电，即第二个周期振荡开始，电容的充电与放电构成一个振荡周期，如此周而复始，在管脚 3 输出端得到一个周期性的方波，如图 3.15.4 所示。

④ 多谐振荡电路参数分析。

充电电路分析：由图 3.15.4 可得，电容端电压 u_C 的充电过程是从 $u_C = \frac{1}{3}U_{CC}$ 上升

$u_C = \frac{2}{3}U_{CC}$，其对应的时间为 t_1。应用一阶电路的暂态分析方法（即三要素法），即电路充电时间 t_1 分析如下：

电容初始值

$$u_C(0_+) = \frac{1}{3}U_{CC}$$

电容稳态值

$$u_C(\infty) = U_{CC}$$

$t = t_1$ 时，电容电压

$$u_C(t_1) = \frac{2}{3}U_{CC}$$

时间常数 τ

$$\tau = (R_1 + R_2)C$$

由三要素法得

$$u_C(t) = u_C(\infty) + (u_C(0_+) - u_C(\infty))e^{-\frac{1}{\tau}t}$$

则电容电压 u_C 由 $u_C(0_+) = \frac{1}{3}U_{CC}$ 上升 $u_C(t_1) = \frac{2}{3}U_{CC}$ 所需的充电时间 t_1 为

$$u_C(t_1) = u_C(\infty) + (u_C(0_+) - u_C(\infty))e^{-\frac{1}{\tau}t_1}$$

$$t_1 = \tau \cdot \ln\frac{u_C(0_+) - u_C(\infty)}{u_C(t_1) - u_C(\infty)}$$

将相关参数代入上式得

$$t_1 = (R_1 + R_2)C \cdot \ln\frac{\frac{1}{3}U_{CC} - U_{CC}}{\frac{2}{3}U_{CC} - U_{CC}} = (R_1 + R_2)C \cdot \ln 2 \approx 0.7(R_1 + R_2)C$$

放电电路分析：电容端电压 u_C 的放电过程是从 $u_C = \frac{2}{3}U_{CC}$ 下降至 $u_C = \frac{1}{3}U_{CC}$，其放电时间为 t_2。即放电时间 t_2 分析如下：

电容初始值

$$u_C(t_1) = \frac{2}{3}U_{CC}$$

电容稳态值

$$u_C(\infty) = 0$$

$t = t_2$ 时，电容电压

$$u_C(t_2) = \frac{1}{3}U_{CC}$$

时间常数 τ （注：MOS 管导通时电阻忽略不计）为

$$\tau \approx R_2 C$$

则电容电压 u_C 由 $u_C(t_1) = \frac{2}{3}U_{CC}$ 下降至 $u_C(t_2) = \frac{1}{3}U_{CC}$ 所需的充电时间 t_2 为

$$t_2 = \tau \cdot \ln\frac{u_C(t_1) - u_C(\infty)}{u_C(t_2) - u_C(\infty)} = R_2 C \ln 2 \approx 0.7 R_2 C$$

多谐振荡频率 f：多谐振荡器的振荡频率 $f = \dfrac{1}{T}$。

多谐振荡器的振荡周期为

$$T = t_1 + t_2 \approx 0.7(R_1 + 2R_2)C$$

则振荡频率 f 为

$$f \approx \frac{1}{0.7(R_1 + 2R_2)C} \approx \frac{1.43}{(R_1 + 2R_2)C}$$

可见，通过调节电阻 R_1 和 R_2、电容 C 的参数，可以改变多谐振荡器的振荡频率 f。

（2）单稳态触发器。

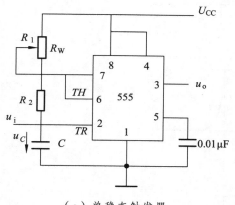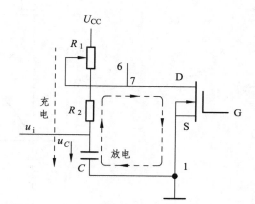

（a）单稳态触发器　　　　　　　（b）单稳态触发器外接充、放电原理分析电路图

图 3.15.5　555 集成定时器的单稳态触发器应用电路图

单稳态触发器电路的输出由一个稳态和一个暂态组成，其中暂态是通过电容 C 的充放电形成的，因此，电路具有定时作用，其电路如图 3.15.5（a）所示。下面分析电路的工作原理：

① 稳态。

当图 3.15.5（a）接上电源，并且管脚 2 端输入的电平大于 $\dfrac{1}{3}U_{CC}$（即管脚 2 端输入高电平）时，电源通过电阻 R_1、R_2 开始对电容 C 充电，电容 C 端电压 u_C 上升，当电容 C 充电电压 $u_C > \dfrac{2}{3}U_{CC}$ 时，由功能表 3.15.1 得输出端 3 的电压 u_o 为低电平，同时，MOS 管导通，管脚 7 对地呈低电阻状态，电路由充电转换为放电状态，即电容 C、电阻 R_2 和 MOS 管构成放电回路，电容 C 上电荷快速放电到零，电压 u_C 随之很快下降为零。充、放电回路如图 3.15.5（b）所示。根据功能表 3.16.1 可知，当管脚 2 端输入的电平大于 $\dfrac{1}{3}U_{CC}$ 保持不变，并且 u_C 下降至 $u_C < \dfrac{2}{3}U_{CC}$ 时，输出电压 u_o 保持低电压不变，这种输出电压 u_o 稳定不变的状态称"稳态"。稳态波形如图 3.15.6 中 $0 < t < t_1$ 时所示。

② 暂稳态。

当在管脚 2 端加入一个负脉冲电压，即管脚 2 端输入电压小于 $\frac{1}{3}U_{CC}$ 时，则管脚 6 的电压小于 $\frac{2}{3}U_{CC}$、管脚 2 的电压小于 $\frac{1}{3}U_{CC}$，根据功能表 3.15.1，管脚 3 端的输出电压 u_o 立即翻转为高电平，MOS 管 G 端为低电平（即截止状态），管脚 7 端对地呈高阻状态，暂稳态开始（如图 3.15.6 所示，暂态开始时间为 $t = t_1$）。

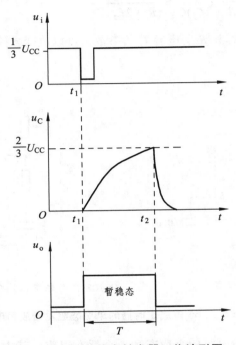

图 3.15.6　单稳态触发器工作波形图

暂稳态开始后，管脚 2 端的输入电平回到大于 $\frac{1}{3}U_{CC}$ 状态，这时管脚 6 的电平为小于 $\frac{2}{3}U_{CC}$，根据功能表 3.15.1，管脚 3 端输出电压 u_o 保持高电压不变，其高电平保持的时间为暂稳态持续的时间，即电容电压 u_C 充电上升到 $\frac{2}{3}U_{CC}$ 的时间。暂稳态开始，电源通过电阻 R_1、R_2 向电容 C 充电，当电容 C 充电电压 u_C 上升到 $u_C > \frac{2}{3}U_{CC}$ 时，管脚 3 端的输出电压 u_o 翻转为低电平，暂稳态结束，电路进入稳态。如图 3.15.6 所示，$t = t_2$ 为暂稳态结束时刻，也是单稳态开始时刻。

③ 暂稳态的脉冲宽度 T 参数分析。

暂稳态持续的时间取决于充电的时间常数 τ。暂稳态的脉冲宽度 T 参数分析如下：

电容电压初始值

$$u_C(t_1) = 0 \text{ V}$$

电容稳态值

$$u_C(\infty) = U_{CC}$$

$t = t_2$ 时，电容电压

$$u_C(t_2) = \frac{2}{3}U_{CC}$$

时间常数 τ

$$\tau = (R_1 + R_2)C$$

则电容电压 u_C 由 $u_C(t_1) = 0\,\text{V}$ 上升 $u_C(t_2) = \frac{2}{3}U_{CC}$ 所需的充电时间 T 为

$$T = \tau \cdot \ln \frac{u_C(t_1) - u_C(\infty)}{u_C(t_2) - u_C(\infty)} = \tau \cdot \ln \frac{-U_{CC}}{\frac{2}{3}U_{CC} - U_{CC}} = \tau \cdot \ln 3 \approx 1.1(R_1 + R_2)C$$

可见，通过调节电阻 R_1 和 R_2、电容 C 的参数，可以改变暂稳态的脉冲宽度 T。

（3）施密特触发器（两个稳态）。

施密特触发器是通过外加电平的触发，来实现电路输出在两个稳态间的转换。施密特触发器电路如图 3.15.7（a）所示。

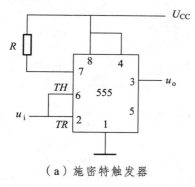

（a）施密特触发器

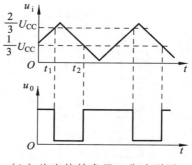

（b）施密特触发器工作波形图

图 3.15.7　555 集成定时器的单稳态触发器应用电路图

图 3.15.7（a）所示施密特触发器的管脚 2、6 端同时接在触发信号 u_i 上，因此，根据功能表 3.15.1，当外加触发电平 $u_i > \frac{2}{3}U_{CC}$ 时，管脚 3 端的输出电压 u_o 为低电平；当外加触发电平 $u_i < \frac{1}{3}U_{CC}$ 时，管脚 3 端的输出电压 u_o 为高电平；当外加触发电平 $\frac{1}{3}U_{CC} < u_i < \frac{2}{3}U_{CC}$ 时，管脚 3 端的输出电压 u_o 保持不变。如图 3.15.7（b）所示，输入触发电压 u_i 为三角波，管脚 3 端的输出电压为方波。

3.15.3　预习内容

（1）阅读实验内容及原理，明确实验目的。
（2）预习集成元件的结构原理及使用连接方法。

（3）预习多谐振荡器频率的调试与计算。

（4）预习单稳态触发器电路，如要使输出脉冲宽度增加，应改变什么元件的参数，是变大还是变小？

（5）预习施密特触发器的实验电路及输出电压 u_o 的频率调试方法。

（6）撰写预习报告。

3.15.4　实验仪器、仪表和设备

实验仪器、仪表和装置包括：双踪示波器、函数发生器、万用表、555 集成定时器、电子实验箱等。

3.15.5　实验内容及步骤

1. 多谐振荡器

（1）按图 3.15.8 所示实验电路接线。其电路器件参数的参考值为：电压源 $U_{CC} = 5\,V$ ，电阻 $R_W \geqslant 20\,k\Omega$ ， $R_2 = 100\,k\Omega$ ， $C = 0.1\,\mu F$ 。

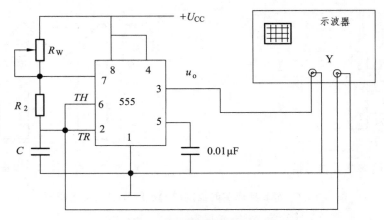

图 3.15.8　多谐振荡器实验电路图

（2）用双踪示波器观察并记录管脚 2、6 端电压 u_C 和管脚 3 端的输出电压 u_0 的波形。

（3）用双踪示波器测试管脚 3 端的输出电压 u_o 的频率和正、负脉冲的宽度。

（4）改变电阻 R_W 的大小，测试并记录电阻 R_W 的参数值和管脚 3 端的输出电压 u_o 的波形。

（5）改变电容 C 值为 $C = 0.47\,\mu F$ ，测试并记录其管脚 3 端的输出电压 u_o 的波形。

2. 单稳态触发器

（1）按图 3.15.9 所示实验电路接线。其电路器件参数的参考值为：电压源 $U_{CC} = 5\,V$ ，电阻 $R_W \geqslant 20\,k\Omega$ ， $R_2 = 100\,k\Omega$ ， $C = 0.1\,\mu F$ ，调节函数发生器输出脉冲的波形，其频率为 $f = 500\,Hz$ 。

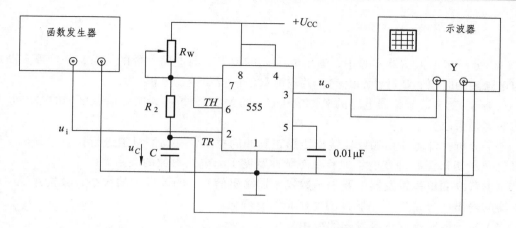

图 3.15.9 单稳态触发器实验电路图

（2）在不接电压源 U_{CC} 条件下，调节电阻 R_W，测量并记录调节后的电阻 R_1 值。

（3）接入电压源 U_{CC} 后，在管脚 2 端输入函数发生器的输出脉冲 u_i 信号，并用双踪示波器观测并记录电容电压 u_C 和管脚 3 端输出稳态时电压 u_o 的波形。

（4）测量并记录管脚 3 端输出电压 u_o 的正脉冲宽度。

（5）改变电阻 R_W 的大小，用双踪示波器观测并记录电容电压 u_C 和管脚 3 端输出稳态时电压 u_0 的波形。并记录管脚 3 端的输出电压 u_o 的正脉冲宽度。

（6）断开电压源 U_{CC} 和函数发生器信号，测量并记录改变 R_W 后电阻 R_1 的大小。

3. 施密特触发器

（1）按图 3.15.10 所示实验电路接线。其电路器件参数的参考值为：电压源 $U_{CC} = 5\,\text{V}$，电阻 $R = 10\,\text{k}\Omega$，调节函数发生器输出三角波形，其频率为 $f = 500\,\text{Hz}$。

（2）用双踪示波器观测并记录管脚 2、6 端电压 u_i 和管脚 3 端的输出电压 u_o 的波形。

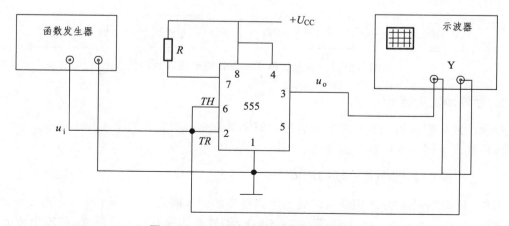

图 3.15.10 施密特触发器实验电路图

3.15.6 实验报告

（1）分析多谐振荡器实验中，输出电压 u_o 的频率 f 与电路参数的关系，并计算多谐振荡器的正脉冲的时间和负脉冲的时间，并与测量值进行比较、分析。

（2）若改变多谐振荡器电路的电源电压 U_{CC} 的大小，分析并说明多谐振荡器的输出电压 u_o 的频率 f 是否改变。

（3）分析并计算单稳触发器输出矩形正脉冲的宽度，并与测量值进行比较、分析，说明输出信号 u_o 矩形正脉冲宽度（即暂稳态脉冲宽度）与电路参数的关系。

（4）若改变单稳触发器电路中函数发生器输出信号 u_i 的频率 f 的大小，分析并说明单稳触发器的输出信号 u_o 矩形正脉冲的宽度是否有变化。

（5）举例说明施密特触发器的应用。

（6）写出实验体会。

3.16 综合性电子秒表计时电路设计

3.16.1 实验目的

（1）提高综合设计数字实用电路的能力。

（2）提高实验技能水平。

3.16.2 实验原理

本实验主要由三个模块组成：秒脉冲发生器模块（多谐振荡模块电路）、六十进制"秒"表计数模块（六十进制计数器模块电路）、8421 码译码器和数码显示器模块。其功能框图如图 3.16.1 所示。

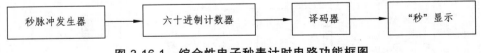

图 3.16.1　综合性电子秒表计时电路功能框图

1. 秒脉冲发生器

秒脉冲发生器可用 555 集成定时器构成的多谐振荡器实现，如图 3.16.2 所示。

秒信号发生器输出的脉冲周期为

$$T = 0.7(R_1 + R_P + 2R_2)C$$

因此，计时"秒"脉冲的周期可以通过电路参数的调节确定。若 $T = 1$ s，令电容 $C = 10\ \mu F$，电阻 $R_1 = 47\ k\Omega$，$R_2 = 39\ k\Omega$，电位器 $R_W = 5\ k\Omega$。调试电路的调节电位器 R_W 的输出值 R_P，使输出脉冲周期为 1 s。

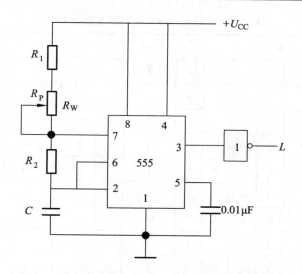

图 3.16.2　555 定时器组成的秒信号发生器电路图

2. 计数器

用两片十进制计数器 74LS290 接成六十进制计数器，如图 3.16.3 所示。注意：本电路是用"00"表示"60"秒。

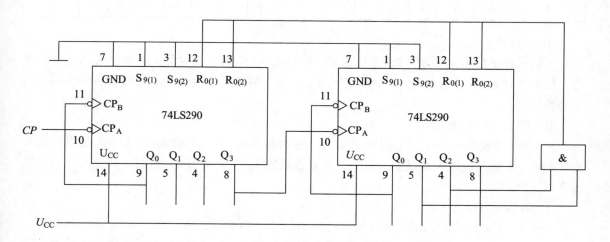

图 3.16.3　六十进制计数器

3. 译码及显示控制电路

（1）74LS248 译码器功能。

74LS248 译码器输出高电平有效（即是共阴译码器），用以驱动共阴极显示器。该集成显示译码器设有 3 个辅助控制端，即 LT、RBI、BI/RBO，用以增强器件的功能，其功能如表 3.16.1 所示。下面简要说明各管脚功能：

表 3.16.1　74LS248 译码器主要功能表

十进制数或功能	输　入						BI/RBO	输　出							字形
	LT	RBI	D	C	B	A		a	b	c	d	e	f	g	
测试	0	×	×	×	×	×	1	1	1	1	1	1	1	1	8
消隐	×	×	×	×	×	×	0	0	0	0	0	0	0	0	全灭
	1	0	0	0	0	0	0	0	0	0	0	0	0	0	
0	1	1	0	0	0	0	1	0	0	0	0	0	0	1	0
1	1	1	0	0	0	1	1	1	0	0	1	1	1	1	1
2	1	1	0	0	1	0	1	0	0	1	0	0	1	0	2
3	1	1	0	0	1	1	1	0	0	0	0	1	1	0	3
4	1	1	0	1	0	0	1	1	0	0	1	1	0	0	4
5	1	1	0	1	0	1	1	0	1	0	0	1	0	0	5
6	1	1	0	1	1	0	1	1	0	0	0	0	0	0	6
7	1	1	0	1	1	1	1	0	0	0	1	1	0	0	7
8	1	1	1	0	0	0	1	0	0	0	0	0	0	0	8
9	1	1	1	0	0	1	1	0	0	0	1	1	0	0	9

① 试灯输入 LT。

当输入端 LT = 0 时，BI/RBO 是输出端，且输出 RBO = 1，此时无论其他输入端是什么状态，所有各段输出 a～g 均为 1，显示字形 8。该输入端常用于检查 74LS248 译码器的好坏。如功能表 3.16.1 所示。

② 灭灯输入 BI/RBO。

BI/RBO 是特殊控制端，有时作为输入，有时作为输出。当 BI/RBO 作输入使用且输入 BI = 0 时，无论其他输入端是什么电平，所有各段输入 a～g 均为 0，所以字形熄灭。如功能表 3.16.1 所示。

③ 动态灭零输入 RBI。

当输入 LT = 1，输入 RBI = 0 且输入代码 DCBA = 0000 时，各段输出 a～g 均为低电平，与 BCD 码相对应的字形熄灭，故称"灭零"。利用 LT = 1 与 RBI = 0 可以实现某一位的"消隐"。此时 BI/RBO 是输出端，且输出 RBO = 0。

④ 动态灭零输出 RBO。

当 BI/RBO 作为输出使用时，受控于 LT 和 RBI。当 LT = 1 且 RBI = 0，输入代码 DCBA = 0000 时，RBO = 0；若 LT = 0 或者 LT = 1 且 RBI = 1，则 RBO = 1。该端主要用于显示多位数字时，多个译码器之间的连接。

（2）74LS248 译码器管脚。

74LS248 译码器的管脚引线排例如图 3.16.4 所示。其各管脚为：

管脚 9～15 为输出端（a～g）：低电平有效，可直接驱动共阴极 LED 七段数码管。

管脚 3（*LT*）为输入端：是灯测试输入端（低电平有效）。

管脚 4（*BI/RBO*）为输入端：是消隐输入端（低电平有效）。

管脚 5（*RBI*）为输入端：是脉冲消隐输入端（低电平有效）。

管脚 7、1、2、6（*A*、*B*、*C*、*D*）为译码地址输入端，即计数器的输出是译码地址的输入，如图 3.16.4 所示。

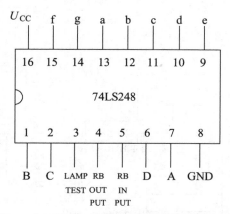

图 3.16.4 74LS248 译码器管脚引线排列

（3）74LS248 译码器显示控制电路。

如图 3.16.5 所示电路为 74LS248 七段译码器和 LED 数码管的共阴接法。

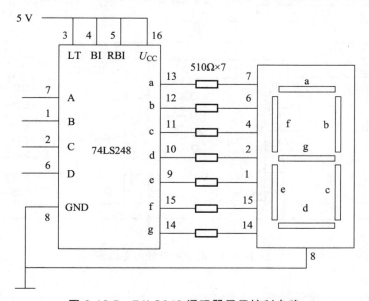

图 3.16.5 74LS248 译码器显示控制电路

3.16.3 预习内容

（1）预习图 3.16.2、图 3.16.3、图 3.16.5 所示电路的工作原理。

（2）掌握实验原理，了解实验内容，预习图 3.16.6 所示电路的工作原理，设计完善实验电路图 3.16.6。

（3）预习实验电路中器件的功能及管脚排列。

（4）撰写预习报告。

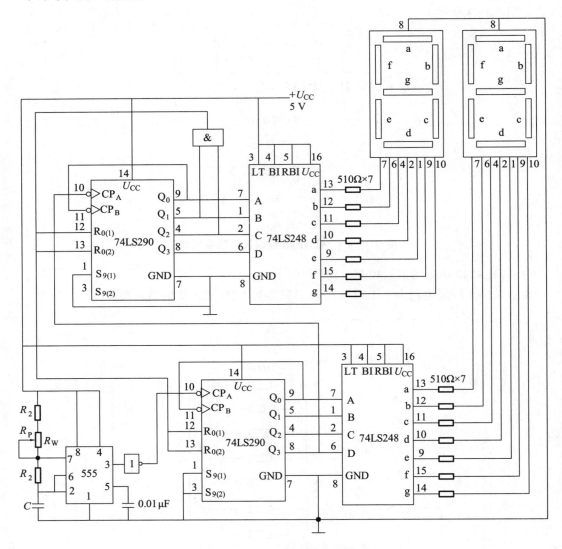

图 3.16.6　电子秒表计时电路图

3.16.4　实验仪器、仪表和设备

实验仪器、仪表和装置包括：函数发生器、万用表、电子实验箱、555 集成定时器、二-五-十进制异步计数器、七段译码/驱动器、LED 数码管等。

3.16.5　实验内容及步骤

1. 电子秒表计时电路的设计

（1）在电子秒表计时图 3.16.6 的基础上，加入零消隐功能。

（2）在电子秒表计时图 3.16.6 的基础上，加入电子秒表暂停计数功能，即 LED 显示数据操持不变。

（3）在电子秒表计时图 3.16.6 的基础上，加入电子秒表直接置零功能。

2. 电子秒表计时电路实验

（1）按图 3.16.6 所示电路接线。调节电位器 R_W，进行秒表的周期校正。

（2）在图 3.16.6 所示电路接线的基础上，加入设计完善的实验功能电路。观测零消隐功能。

（3）按下电子秒表暂停计数键，观测 LED 显示数据功能。

（4）按下电子秒表直接置零键，观测 LED 显示数据是否为"0"。

3.16.6　实验报告

（1）画出实验接线电路图，并说明实验过程及步骤。

（2）实验中出现了什么问题，是怎样解决的？

（3）本电路如何改进会更好？请写出改进方案和电路图。

（4）写出实验体会。

第4章　焊接技术简介

　　焊接是电子产品装配中一项非常重要的技术。目前，电子元器件的焊接主要采用锡焊技术。锡焊技术采用以锡为主的锡合金材料作焊料，在一定温度下焊锡熔化，金属焊件与锡焊料之间相互吸引、扩散、结合，形成浸润的结合层。外表看来印刷板铜铂及元器件引线都是很光滑的，实际上它们的表面都有很多微小的凹凸间隙，熔流态的锡焊料借助于毛细管吸力沿焊件表面扩散，形成焊料与焊件的浸润，把元器件与印刷板牢固地黏合在一起，并且具有良好的导电性能。焊接质量的好坏直接影响到产品的质量，是保证制作优质电子产品的关键性操作之一。

　　手工焊接是传统的焊接方法，虽然批量电子产品生产已较少采用手工焊接了，但对电子产品的开发、维修、调试，仍不可避免地会用到手工焊接。下面将介绍手工锡焊技术方面的知识。

4.1　焊接的基本知识

4.1.1　锡焊及其特点

1. 焊接技术的分类

　　焊接是金属连接的基本方法之一。按照焊接方式的不同，通常将焊接技术分为熔焊、压焊和钎焊。

　　（1）熔焊。熔焊是焊接过程中，利用高温将焊件接头加热至融化状态，不加压力完成焊接的方法，主要用于金属板材等之间的连接，如气焊、压弧焊等。

　　（2）压焊。压焊是焊接过程中，必须对焊接施加压力完成焊接的方法，焊接过程中可以加热或者不加热，如超声波焊、脉冲焊等。

　　（3）钎焊。钎焊是采用比母材熔点低的金属材料作为焊剂，将焊件和焊料加热到焊料熔化而焊件不熔的温度，利用液态焊料浸润母材，填充接头间隙并与母材相互扩散实现焊件连接的方法。

　　下面主要介绍锡焊技术。

2. 锡焊的特点

　　在电子行业中采用最多的焊接技术就是锡焊（属于软钎焊）。其中，手工烙铁焊、波峰焊、浸焊、再流焊等都得到广泛的应用。锡焊的特点有：

　　（1）焊料熔点低于焊件的熔点。

（2）焊接时将焊件和焊料同时加热，焊料熔而焊件不熔。

（3）焊接是由焊料的熔化在焊件的接触面产生一系列反应，形成结合层，从而实现焊件连接。

（4）铅锡焊料熔点低，适合于半导体等电子材料的连接。

（5）只需简单加热工具和材料即可加工，成本低。

（6）焊接点有足够的强度和电气特性。

（7）焊接过程可逆，易于拆焊。

4.1.2　焊接的工艺要求

1. 焊件应具有良好的可焊性

可焊性是指在适当的温度下，焊件表面与焊料在助焊剂的作用下形成良好的结合，形成合金层的性能。铜是导电性能很好且易于焊接的金属材料，常用于元器件的引脚、导线等。

2. 焊件表面应保持洁净

焊件表面如果存在氧化物或者污垢，会严重影响焊接的质量，出现虚焊、假焊等焊接缺陷。

3. 正确使用助焊剂

助焊剂是一种易熔物质，在焊接过程中可以溶解焊件表面的氧化物和污垢，提高焊料的流动性，有利于焊料的浸润和扩散，保证焊点的质量。

4. 正确使用焊料

焊料的正确使用直接影响焊件的连接，选择焊料的成分和性能应与焊件的可焊性、焊接的温度及时间、焊点的机械强度等要求相适应。锡焊中使用的焊料是铅锡合金，根据铅锡的含量及其他金属成分的不同，焊接的特性也会有所不同，使用时，应根据要求正确地选择。

5. 控制焊接温度和时间

热能是锡焊中不可缺少的条件，起到熔化焊料，促进合金层形成的作用。温度过低会造成虚焊，温度过高会损坏元器件和印制电路板。一般情况下，焊接时间不能超过 3 s。

4.1.3　焊接质量的检测

焊接质量的检测主要是检测焊点的质量，通常对焊点质量的要求有以下几点。

1. 电气性能良好

质量好的焊点应使焊料和焊件表面形成牢固的合金层，才能保证良好的导电性能，虚焊是影响焊点电气性能的最大因素。

2. 具有一定的机械强度

焊点的作用是连接两个或者两个以上的元器件，并使其电气连接良好。电子设备有时会工作在一些振动比较大的环境，如果焊点的机械强度过小，会使得元器件松动甚至使电气连接断开等。为了增加强度，可根据需要增加焊接面积，或先将元器件进行适当的固定后再进行焊接。

3. 焊点上的焊料要适量

焊点上的焊料过少会使焊点的机械强度不够，而且随着时间的推移，表面氧化层会逐渐加深，导致焊点早期失效，故焊点的焊料要适量。

4. 焊点表面要光亮且均匀

焊接质量好的焊点表面应光亮、色泽均匀。主要是因为助焊剂中没有完全挥发的树脂形成的薄膜覆盖在焊点表面，能够防止焊点表面氧化。

5. 焊点不能有毛刺、空隙

毛刺、空隙不仅影响美观，还会对电子产品造成潜在的危害。特别在高压时，会产生尖端放电，从而损坏电子设备。

6. 焊点表面应清洁

焊点表面应保持清洁，不然酸性物质会腐蚀元器件引线、焊点及印制电路，受潮会产生漏电和短路的危险。

4.1.4　焊接工具

1. 电烙铁

电烙铁是手工焊接的主要工具。在电子制作中，最常用的是外热式和内热式电烙铁。

（1）外热式电烙铁。

外热式电烙铁的外形结构如图 4.1.1 所示。烙铁头安装在烙铁芯里，故称为外热式电烙铁。外热式电烙铁一般由烙铁头、烙铁芯、外壳、手柄、插头等部分组成。烙铁头安装在烙铁芯内，用以热传导性好的铜为基体的铜合金材料制成。烙铁头的长短可以调整（烙铁头越短，烙铁头的温度就越高），且有凿式、尖锥形、圆面形、圆、尖锥形和半圆沟形等不同的形状，以适应不同焊接面的需要。

 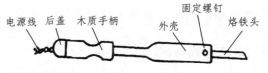

图 4.1.1　外热式电烙铁

（2）内热式电烙铁。

内热式电烙铁的外形结构如图 4.1.2 所示。由连接杆、手柄、弹簧夹、烙铁芯、烙铁头五个部分组成。烙铁芯是用较细的电阻丝绕制在瓷管上的。由于烙铁芯安装在烙铁头里，故称为内热式电烙铁。

烙铁头　发热元件　　连接杆　　　　　胶木手柄

图 4.1.2　内热式电烙铁

一般来说电烙铁的功率越大，热量越大，烙铁头的温度越高。焊接集成电路、印制线路板、CMOS 电路一般选用 20 W 内热式电烙铁。使用的烙铁功率过大，容易烫坏元器件，使印制导线从基板上脱落；使用的烙铁功率太小，焊锡不能充分熔化，焊剂不能挥发出来，焊点不光滑、不牢固，易产生虚焊。焊接时间过长，也会烧坏器件。

2. 电烙铁的使用方法

（1）电烙铁是捏在手里的，使用时务必注意安全。

（2）电源线建议用橡皮花线，因为塑料电线容易被烫伤、破损，以至短路或触电。

（3）电烙铁的新烙铁头，使用前先通电给烙铁头"上锡"。

（4）电烙铁不宜长时间通电而不使用。

（5）使用烙铁时，烙铁的温度太低则熔化不了焊锡，或者使焊点未完全熔化、焊点不可靠。

（6）控制好焊接的时间，电烙铁停留的时间太短，焊锡不易完全熔化，形成"虚焊"；而焊接时间太长又容易损坏元器件，或使印刷电路板的铜箔翘起。

3. 其他常用的工具

在焊接过程中，除了使用电烙铁外，还有一些必要的辅助工具才能使焊接得以顺利完成，如尖嘴钳、斜口钳、剥线钳、螺丝刀、镊子等。

除此之外，还有剪刀、钩针、中空针管、无感起子、有磁起子等常用工具。

4.1.5　助焊剂

助焊剂是用于去除焊件表面的氧化膜的一种专用材料，能溶解去除金属表面的氧化物，并在焊接加热时包围金属的表面，使之和空气隔绝，防止金属在加热时氧化，可降低熔融焊锡的表面张力，有利于焊锡的湿润。适当地使用助焊剂可以去除氧化膜，使焊接质量更可靠，焊点表面更光滑、圆润。

1. 助焊剂的作用

（1）除去金属表面的氧化物和杂质。

（2）防止加热时金属氧化。

（3）帮助液体焊料的流动，减少表面张力。

（4）加速焊件的预热速度。

2．助焊剂的选用

助焊剂可分为无机系列、有机系列和树脂系列。电子电路的焊接通常都采用树脂系列助焊剂，这种助焊剂是在松香焊剂中加入活性剂，具有无腐蚀性、高绝缘性、耐湿性等优点。

4.2　手工锡焊技术

4.2.1　焊接技术

1．焊接前的准备

1）镀锡

镀锡实际上就是用液态焊锡将被焊金属表面浸润，形成一层不同于被焊金属和焊锡的结合层，提高焊件的连接性能。

2）元器件的引线成型

元器件在印制板上的排列和安装方式有两种：一种是立式，另一种是卧式。元器件引线的形状应根据焊盘孔的距离在装配上的不同而加工成型。如图 4.2.1 所示。元器件引线加工成型时，需注意以下几点：

（1）所有元器件的引线均不能从根部弯曲。因制造原因，根部容易折断，一般应留 1.5 mm以上，同类型器件尽量保持高度平齐。

（2）弯曲不能成直角，圆弧半径应大于引线直径的 1～2 倍。

（3）要尽量将有字的元件面置于容易观察的位置，以便调试。

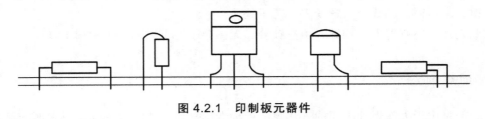

图 4.2.1　印制板元器件

3）元器件的插装

（1）贴板插装与悬空插装，如图 4.2.2 所示。贴板插装稳定性好，插装简单，但是不利于散热，且对有些安装位置不适合；悬空插装适应范围广，有利于散热和电路检测，但是插装比较复杂，需控制一定的高度以保持美观。在无特殊要求时，只要条件许可，尽量采用贴板安装。

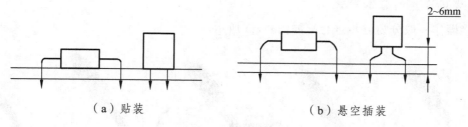

（a）贴装 （b）悬空插装

图 4.2.2 元器件插装形式

（2）插装，时注意保持元器件字符标记方向一致，容易查看，便于电路检查。

（3）插装时，注意不要用手直接碰元器件的引线和印制板焊盘，防止弄脏。

（4）插装后，为了固定，可对引线进行弯曲处理。

2. 手工焊接技术

1）焊接操作的正确姿势

（1）焊剂加热挥发产生的化学物质对人体有害，操作时，一般应保持鼻子与烙铁头的距离不小于 30 cm。

（2）电烙铁的握法有三种，如图 4.2.3 所示。使用时电烙铁应配置烙铁架，并放在工作台的右前方，应避免导线等被烙铁烫坏。

（a）正握法 （b）反握法 （c）握笔法

图 4.2.3 电烙铁的握法

（3）焊锡丝一般也有两种握法，如图 4.2.4 所示。由于焊锡丝中含有重金属——铅，对人体有害，操作时应戴手套，工作完成后应立即洗手，避免食入。

图 4.2.4 焊锡丝的握法

2）焊接操作的基本步骤

焊接操作一般分为五步进行，如图 4.2.5 所示。

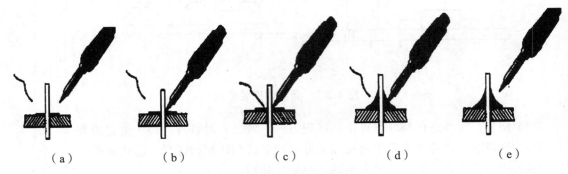

图 4.2.5　焊接基本步骤

（1）准备施焊。

准备好焊锡丝和电烙铁。此时一定要保持烙铁头的干净，左手拿焊锡丝，右手拿电烙铁对准焊接位置，如图 4.2.5（a）所示。

（2）加热焊件。

将烙铁头接触焊件焊接点，注意要加热焊件的各个部分，如元器件引线和焊盘均需加热。如图 4.2.5（b）所示。

（3）送入焊锡丝。

加热焊件达到焊接温度时，将焊锡丝送入焊接点（注意：焊锡丝应接触焊件，如元器件引线和焊盘，不是电烙铁），焊料熔化并浸润焊点。如图 4.2.5（c）所示。

（4）移开焊锡丝。

当焊锡丝熔化到一定量后将焊锡丝移开，如图 4.2.5（d）所示。

（5）移开电烙铁。

当焊锡完全浸润焊盘或焊件的施焊部位后，移开电烙铁。如图 4.2.5（e）所示。

上述步骤并没有严格的区分，对于小容量的焊件而言，整个过程不能超过 2~4 s 的时间，要熟练掌握焊接方法，必须经过大量的实践练习，才能保证焊接的质量。

3）焊接操作的基本要领

（1）掌握好加热的时间。

在保证焊料浸润焊件的前提下加热的时间越短越好。

（2）保持合适的温度。

一般应保持烙铁头的温度比焊料熔点高 30~50 ℃。

（3）注意避免用烙铁头对焊接点施力。

烙铁头把热量传给焊点主要靠增加接触面积，用烙铁头对焊点加力对焊接加热无用，很多情况会对焊件造成损害，使元件失效。

（4）适量的助焊剂。

适量的助焊剂在焊接时是必不可少的，但是过量的助焊剂不仅会增加焊点焊后的清洁的工作量，而且延长了加热时间，降低了工作效率。

（5）保持烙铁清洁。

（6）加热要靠焊锡桥。

要提高烙铁头的加热效率，需要形成热量传递的焊锡桥。靠烙铁头上保留的少量焊锡作为烙铁头与焊件之间传递热能的桥梁。但是，作为焊锡桥的焊锡不能保留过多。

（7）焊锡量要合适。

过量的焊锡不但消耗了价格较贵的锡，而且增加了焊接时间，降低了焊接速度，造成不易察觉的短路。焊锡量也不能太少，太少不能使焊件牢固结合，降低焊点强度和焊接质量。

（8）焊件要固定。

在焊接时，焊锡凝固前不能移动焊件。特别是用镊子夹住焊件时，一定要等焊锡凝固后再移去镊子。

（9）烙铁的撤离有讲究。

烙铁撤离要及时，而且撤离时的角度和方向与焊点的形成有较大关系。

3. 拆焊

在电子制作中，难免会出现错焊和虚、假焊，这时就需要从印刷电路板上把元器件拆卸下来。在修理电子产品时，也要更换那些已损坏的元器件。

拆焊的基本操作：首先，要用电烙铁加热焊点，使焊点上的锡熔化；其次，要吸走熔锡，可用带吸锡器的电烙铁一点点地吸走，有条件的也可用专用吸锡器吸走熔锡；最后，要取下元器件，可用镊子镊住取出或用空心套筒套住引脚，并在钩针的帮助下卸下元器件。

拆焊的过程要注意：

（1）对于还没有断定被拆焊的元器件已损坏时，不要硬拉下来，不然会拉断而弄坏引脚。

（2）对那些焊接时曾经采取散热措施的，拆焊的过程中仍需要采取散热措施。

（3）对于集成电路拆焊更要注意，因为集成电路引脚多，拆焊时要一根一根把引脚加热、熔锡、吸走熔锡后，才能拆卸下集成电路。

4.2.2　常见的焊点缺陷

造成焊接缺陷的原因很多，对于焊接初学者来说，容易出现虚焊和假焊。虚焊和假焊都会给电子产品带来隐患，所以焊接时一定要保证质量。

常见的焊点缺陷如表 4.2.1 所示。

表 4.2.1　常见的焊点缺陷

焊点缺陷	外观检查	危　害	成　因
虚焊	焊锡与元件管脚或者焊盘之间界线明显，焊锡在界线处内凹	电气接触不良	元器件管脚镀锡不好；焊盘不清洁；助焊剂质量不好等

续表

焊点缺陷	外观检查	危　害	成　因
焊料过多	焊料面呈凸形	强度不够,可能引起虚焊,浪费焊料	焊料质量不好;焊接温度不够;焊锡撤离太慢等
焊料过少	焊接面积过小,焊料未形成平滑面	强度不够	烙铁头吸锡;焊锡流动性差;助焊剂不够;焊锡丝撤离太早等
拉尖	焊料表面出现尖端	影响外观,高压易出现桥接	烙铁头不清洁;电烙铁撤离角度不对;加热时间过长;助焊剂太少等
松香焊	焊料中夹渣	电气接触不良,强度不够	助焊剂太多;焊接时间太短,加热不够等
气泡	焊料内藏有气泡	长时间易导通不良	烙铁头不清洁;引线浸润不良;引线与焊盘孔间隙过大
桥接	相邻导线连接	短路	焊锡过多;电烙铁撤离角度不对
不对称	焊料未全覆盖焊盘	断路,强度不够	烙铁头不清洁;助焊剂不够;焊料流动性差等
冷焊	焊点表面有颗粒、裂纹	强度低,导电性能不好	电烙铁功率不够;焊接时间不够
过热	焊点发白,无金属光泽	焊盘易脱落,强度不够	焊接时间过长;电烙铁功率太大
剥离	焊点松动	断路	加热时间过长;焊盘镀层不好

第 5 章　附　录

5.1　常用半导体分立器件的命名

5.1.1　国产半导体分立器件型号命名的方法

1. 型号的组成

半导体分立器件的型号由五个部分组成，其基本组成部分的含义如图 5.1.1 所示。

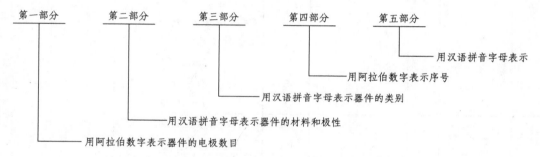

图 5.1.1　半导体分立器件型号的组成说明图

2. 型号命名方法

国产半导体分立器件型号的命名方法如表 5.1.1 所示。

表 5.1.1　国产半导体分立器件型号命名方法

第一部分		第二部分		第三部分		第四部分	第五部分
用阿拉伯数字表示器件的电极数目		用汉语拼音字母表示器件的材料和极性		用汉语拼音字母表示器件的类别		用阿拉伯数字表示序号	用汉语拼音字母表示规格号
符号	意义	符号	意义	符号	意义		
2	二极管	A	N 型，锗材料	P	普通管		
		B	P 型，锗材料	V	微波管		
		C	N 型，硅材料	W	稳压管		
		D	P 型，硅材料	C	变容管		
3	三极管	A	PNP 型，锗材料	Z	整流管		
				L	整流堆		
		B	NPN 型，锗材料	S	隧道管		

第一部分		第二部分		第三部分		第四部分	第五部分
用阿拉伯数字表示器件的电极数目		用汉语拼音字母表示器件的材料和极性		用汉语拼音字母表示器件的类别			
符号	意义	符号	意义	符号	意义		
3	三极管	C	PNP 型，硅材料	N	阻尼管		
		D	NPN 型，硅材料	K	开关管		
		E	化合物材料	U	光电器件		
				X	低频小功率晶体管（f_a<3 MHz，P_c<1 W）		
				G	高频小功率晶体管（f_a≥3 MHz，P_c<1 W）		
				D	低频大功率晶体管（f_a<3 MHz，P_c≥1 W）		
				A	高频大功率晶体管（f_a≥3 MHz，P_c≥1 W）		
				T	闸流管（可控硅整流管）		
				Y	体效应管		
				B	雪崩管		
				J	阶跃恢复管		
\	\	\	\	CS	场效应器件		
				BT	半导体特殊器件		
				FH	复合管		
				PIN	PIN 型管		
				ZL	整流管阵列		
				QL	硅桥式整流器		
				SX	双向三极管		
				JG	激光器件		
				DH	电流调整管		
				SY	瞬态抑制二极管		
				GS	光电子显示器		
				GF	发光二极管		
				GR	红外发射二极管		
				GJ	激光二极管		
				GD	光敏晶二极管		
				GT	光敏晶体管		
				GH	光耦合器		
				GK	光开关管		
				GL	摄像线阵器件		
				GM	摄像面阵器件		

例 1：锗 PNP 型高频小功率三极管 3AG11C 的型号命名方法如图 5.1.2 所示。CS2B 的型号命名方法如图 5.1.3 所示。

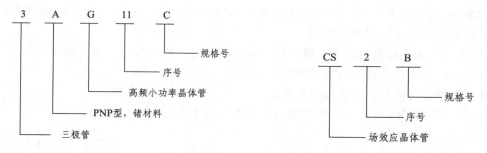

图 5.1.2　3AG11C 的型号命名说明图　　　　　图 5.1.3　CS2B 的型号命名说明

5.1.2　国际电子联合会半导体分立器件型号命名方法

国际电子联合会半导体分立器件型号的命名方法如表 5.1.2 所示。

表 5.1.2　国际电子联合会半导体分立器件型号命名方法

第一部分		第二部分				第三部分		第四部分	
用字母表示器件材料		用字母表示器件的类型和主要特性				用数字或字母加数字表示登记号		用字母对同一型号者分档	
符号	意义	符号	意义	符号	意义	符号	意义	符号	意义
A	锗材料	A	检波、开关和混频二极管	M	封闭磁路中的霍尔元件	三位数字	通用半导体器件的登记序号（同一类型器件使用同一登记号）	A B C D E · · ·	同一型号的器件按某一参数进行分挡的标志
		B	变容二极管	P	光敏元件				
B	硅材料	C	低频小功率三极管	Q	发光器件				
		D	低频大功率三极管	R	小功率可控硅				
C	砷化镓	E	隧道二极管	S	小功率开关管	一个字母加两个数字	专用半导体器件的登记序号（同一类型器件使用同一登记号）		
		F	高频小功率三极管	T	大功率可控硅				
D	锑化铟	G	复合器件及其他器件	U	大功率开关管				
		H	磁敏二极管	X	倍增二极管				
R	复合材料	K	开放磁路中的霍尔元件	Y	整流二极管				
		L	高频大功率三极管	Z	稳压二极管即齐纳二极管				

5.1.3　半导体分立器件管脚的识别与简单测试

1. 二极管的识别与测试

1）二极管的极性识别

通过外形来识别二极管的正极与负极。

① 从外壳上的符号标记进行识别。

通常在器件的外壳上标有二极管的图形符号，根据图形符号识别其二极管的正极与负极。

如图 5.1.4（a）所示。

② 从外壳上的色点标记进行识别。

在点式接触二极管的外壳上，通常标有极性色点（白色或红色）。一般标有色点的一端即为正极。

③ 从外壳上的色环标记进行识别。

在二极管的外壳上标有色环（普通二极管的色标颜色一般为黑色，而高频变阻二极管的色标颜色则为浅色），带色环的一端则为负极。如图 5.1.4（b）所示。

④ 发光二极管可从管脚的长短进行识别。

发光二极管管脚长的为正极，管脚短的为负极。如图 5.1.4（c）所示。

（a）二极管的图形符号　　　（b）二极管的色环标记识别图　　　（c）发光二极管的识别图

图 5.1.4　二极管的极性识别图

⑤ 用万用表测试法进行识别。

以万用表测试出的阻值较小为准，黑表笔（由万用表的负极端引出）所接二极管的一端为正极，红表笔（由万用表的正极端引出）所接二极管的一端则为负极。其测试原理电路如图 5.1.5 所示。

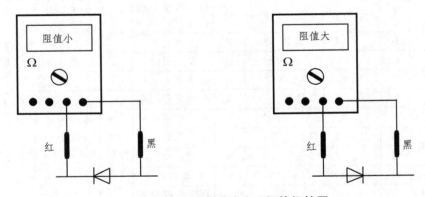

图 5.1.5　用万用表测试法二极管极性图

注： 万用表正端（＋）红表笔接表内电池的负极，而万用表负端（－）黑表笔接表内电池的正极。根据 PN 结的单向导电性，即正向导通电阻值小，反向截止电阻值大的原理，测试判定二极管的好坏和极性。

2）二极管的好坏测试

性能好的二极管，一般反向电阻比正向电阻大几百倍。

① 用万用表测试出二极管的正、反向电阻均很小或等于零，则说明二极管已被击穿或短路。

② 用万用表测试出二极管的正、反向电阻均很大或接近无穷大，则说明二极管已开路。

③ 用万用表测试出二极管的正、反向电阻值相差不大，则说明二极管的性能很差。

2. 三极管管型和管脚的判断

1）三极管的极性识别

（1）从外壳上的符号标记进行识别，如图 5.1.6 所示。

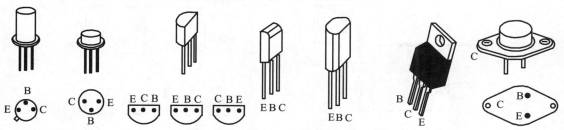

图 5.1.6   三极管外形与管脚关系图

（2）根据器件型号。

对于型号标志清楚的三极管，可查找产品目录，找出三个脚及其相应的各个电极。

（3）测试方法。

对于型号标志不清的三极管，可以利用三极管的两个 PN 结和放大特性，即 PN 结的正向电阻小、反向电阻大及三极管在合适的电压下具有放大能力的特点，判别三极管是 PNP 型还是 NPN 型及其相应的各个管脚。

① 基极的测定。

首先是找基极，用万用表 $R \times 100$ 或 $R \times 1\,000\,\Omega$ 挡，将红表棒接假定的"基极"，黑表棒分别接触另外两个极。如果测得的均是低阻值，则红表棒接的是 PNP 型管的基极；如果测得的均是高阻值，则红表棒接的是 NPN 型管的基极。如图 5.1.7 所示；如果用上述方法测得的结果一个是低阻值，一个是高阻值，则原假定的"基极"是错的，这就需要另换一个脚假定为"基极"再测试，直到满足上述要求为止。

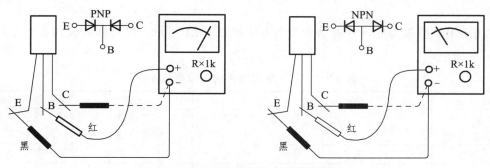

图 5.1.7   万用表测定基极管脚图

注意：不要用 $R \times 1$ 挡及高压电阻挡进行这项测试，因为该两个电阻挡的测试电流大（几十毫安）或测试电压高（9～22.5 V），对被测管不利，容易损坏管子。

② 集电极和发射极的测定。

接下来判别发射极与集电极。对于 PNP 型管子，先假定黑表棒接的是"集电极"，红表棒接的是"发射极"。用湿润的手捏住集电极、基极两个极，但不能使两极短路，读出阻值（见图 5.1.8）；然后调换红、黑表棒做第二次测试，也读出阻值，比较两次读数的大小，读数小的则红表棒接的是集电极，另一个脚即为发射极；对于 NPN 型管，则黑表棒接假定的"集电极"，红表棒接假定的"发射极"，按照上述方法测试，比较两次读数的大小，小的那次，黑表棒接的为集电极，另一个脚为发射极。

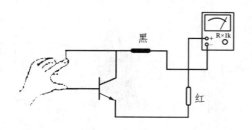

（a）集电极和发射极测试图

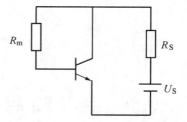

（b）集电极和发射极测试图的等效电路图

图 5.1.8　万用表测定集电极和发射极管脚图

3. 三极管的质量好坏的测试

用万用表可粗略地判断管子的质量。对于 PNP 型管，第一步，红表棒接集电极，黑表棒接基极，阻值越大越好，应在数百千欧以上，实际上该步是估测 I_{CBO} 的大小。第二步，估测穿测电流 I_{CEO} 的大小，将红表棒接集电极，黑表棒接发射极，电阻值大的好，一般应在数十千欧以上，如果阻值很小且不稳定，说明该管穿透电流大，温度稳定性差。对于 NPN 型管，则只要表棒反一下，重复上述步骤判别即可。

5.2　集成器件型号的命名

5.2.1　模拟集成器件的型号命名方法

常用的国产模拟集成器件的型号命名方法如表 5.2.1 所示。国外部分公司及产品的代号如表 5.2.2 所示。

表 5.2.1　模拟集成器件的型号命名方法

第 0 部分		第一部分		第二部分		第三部分		第四部分	
用字母表示器件符合国家标准		字母表示器件的类型		用阿拉伯数字表示器件的系列和品种代号		用字母表示器件的工作温度范围		用字母表示器件的封装	
符号	意义	符号	意义	符号	意义	符号	意义	符号	意义
C	中国制造	T	TTL 电路			C	$0 \sim +70\,^\circ\text{C}$	W	陶瓷扁平
		H	HTL			E	$-40 \sim +85\,^\circ\text{C}$	B	塑料扁平
		E	ECL			R	$-55 \sim +85\,^\circ\text{C}$	F	全封闭扁平
		C	CMOS 电路			M	$-55 \sim +125\,^\circ\text{C}$	D	陶瓷直插
		F	线性放大器					P	塑料直插
		D	音响、电视电路					J	黑陶瓷直插
		W	稳压器					K	金属菱形
		J	接口电路					T	金属圆形

表 5.2.2　国外部分公司及产品代号

公司名称	代号	公司名称	代号
美国无线电公司（BCA）	CA	美国悉克尼特公司（SIC）	NE
美国国家半导体公司（NSC）	LM	日本电气工业公司（NEC）	mPC
美国摩托罗拉公司（MOTA）	MC	日本日立公司（HIT）	RA
美国仙童公司（PSC）	mA	日本东芝公司（TOS）	TA
美国得克萨斯公司（TII）	TL	日本三洋公司（SANYO）	LA，LB
美国模拟器件公司（ANA）	AD	日本松下公司	AN
美国英特西尔公司（INL）	IC	日本三菱公司	M

例如：集成运算放大器 CF0741CT 的型号命名如图 5.2.1 所示。

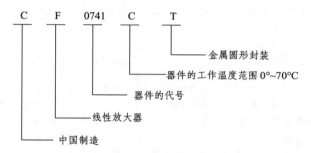

图 5.2.1　CF0741CT 模拟集成器件的型号命名

5.2.2　数字集成电路的命名方法

1. TTL 器件型号组成及命名方法

1）TTL 器件型号组成

TTL 器件型号由五部分组成，其型号组成的意义如图 5.2.2 所示。

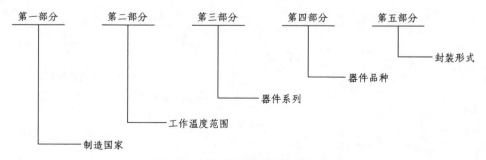

图 5.2.2　TTL 器件型号组成的意义

2）TTL 器件型号及命名方法

TTL 器件型号及命名方法如表 5.2.3 所示。

表 5.2.3　TTL 器件型号及命名方法

第一部分		第二部分		第三部分		第四部分		第五部分	
制造国家		工作温度范围		器件系列		器件品种		封装形式	
符号	意义	符号	意义	符号	意义	符号	意义	符号	意义
C	中国制造 TTL 类	54	− 55 ～ + 125 ℃	H S LS	标准高速 肖特基 低功能肖特基	阿拉伯 数字	器件功能	W B F	陶瓷扁平 塑封扁平 金属封扁平
SN	美国 TEXAS 公司	74	0 ～ + 70 ℃					D P	陶瓷双列直插 塑料双列直插

例如：四 2 输入与非门 CT74LS00P、双四输入与非门 SN74LS20W 型号的意义如图 5.2.3 所示。

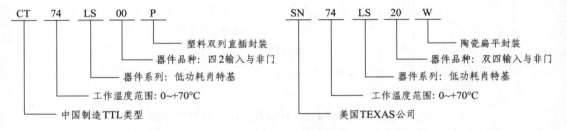

（a）CT74LS00P 器件型号及命名的意义图　　　（b）SN74LS20W 器件型号及命名的意义图

图 5.2.3　TTL 器件型号及命名的意义

2. CMOS 器件型号组成及命名方法

1）CMOS 器件型号组成

CMOS 器件型号由四部分组成，其型号组成的意义如图 5.2.4 所示。

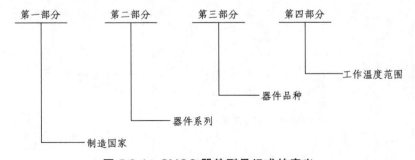

图 5.2.4　CMOS 器件型号组成的意义

2）CMOS 器件型号及命名方法

CMOS 器件型号及命名方法如表 5.2.4 所示。

表 5.2.4　CMOS 器件型号及命名方法

第一部分		第二部分		第三部分		第四部分	
制造国家		器件系列		器件品种		工作温度范围	
符号	意义	符号	意义	符号	意义	符号	意义
CC	中国制造 CMOS 类	40		阿拉伯数字	器件功能	C	0～+70 ℃
CD	美国无线电公司产品	45	系列符号			E	-40～+85 ℃
TC	日本东芝公司产品	145				R	-55～+85 ℃
						M	-55～+125 ℃

例如：三 3 输入与非门 CC4025C 型号的意义如图 5.2.5 所示。

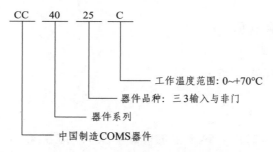

图 5.2.5　CC4025C 器件型号及命名的意义

3. 常用数字集成电路器件型号及命名

常用数字集成电路器件型号由五个部分组成，其型号的意义如图 5.2.6 所示；型号及命名方法如表 5.2.5 所示。

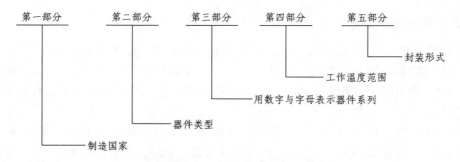

图 5.2.6　常用数字集成器件型号的意义

表 5.2.5　常用数字集成器件的型号及命名方法

第一部分		第二部分		第三部分		第四部分		第五部分	
制造国家		器件类型		用数字与字母表示器件系列		工作温度范围		封装形式	
符号	意义	符号	意义	符号	意义	符号	意义	符号	意义
C	中国制造	C	CMOS 电路	54/74	54/74 系列	C	0～70 ℃	B	塑料扁平
SN	美国制造	M	存储器	54/74H	54/74H 系列	G	−25～70 ℃	C	陶瓷芯片载体
		T	TTL 电路	54/74L	54/74L 系列	L	−25～85 ℃	D	多层陶瓷双列直插
		H	HTL 电路	54/74LS	54/74LS 系列	E	−40～85 ℃	G	网格阵列
		AD	A/D 转换器	54/74AS	54/74AS 系列	R	−55～85 ℃	H	黑瓷扁平
		DA	D/A 转换器	54/74ALS	54/74ALS 系列	M	−55～125 ℃	J	黑色双列直插
				54/74F	54/74F 系列			P	塑料双列直插
				4000	4000 系列				
				54/74HC	54/74HC 系列				
				54/74HCT	54/74HCT 系列				

5.3　集成电路使用规则

5.3.1　TTL 集成电路使用规则

1. 电　源

TTL 电路对电源要求较严。54 系列的电源电压 V_{CC} 应在 4.5～5.5 V 选择，74 系列的电源电压 V_{CC} 应在 4.75～5.25 V 选择，通常取 $V_{CC} = +5（1±10\%）$ V，超过这个范围将损坏器件或功能不正常。另外 TTL 电路存在电源尖峰电流，为了防止外来干扰电压通过电源串入电路，有必要在电源输入端接入 10～100 μF 的电容，以作低频滤波。每隔 6～8 个门应加接一个 0.01～0.1 μF 的电容作为高频滤波电容。在使用中规模和高速器件时，还应适当增加高频滤波电容。

2. 多余输入端的处理

（1）对于 TTL 或门和或非门，多余输入端不允许悬空，必须接地或低电平。

（2）对于 TTL 与门和与非门，或 $V_{CC} \leqslant 5.5$ V，多余输入端则可直接接 V_{CC}，也可以串入一只 1～10 kΩ 的电阻，或者接 2.4～4.5 V 的固定电压，也可以接在输入端接地的多余门或反相器的输出端。

（3）悬空处理。当 TTL 器件接入带电系统时，其悬空输入端相当于高电平。对于一般小规模电路的数据输入端，实验时允许悬空处理。JK 触发器、D 触发器，其输入端是"与"的关系，可用上述与非门多余输入端处理方法来处理。对于或非门、或门，按其逻辑要求，多余输入端不能悬空，只能接地。对于与或非门中不使用的与门，至少应有一个输入端接地。

（4）若前级驱动能力强，可以与使用的输入端并联使用。对 LS 系列器件应避免这种使用。

3．对输入端的接地电阻的要求

当 $R \leqslant 680\ \Omega$ 时，输入端相当于逻辑 0；当 $R \geqslant 4.7\ \text{k}\Omega$ 时，则输入端相当于逻辑 1。当然，对于不同系列的器件，要求的电阻值不同。

4．输出端的连接

TTL 器件的输出端不允许直接接地或直接接电源 V_{CC}。对于 1 000 pF 以上的容性负载，应串接几百欧的限流电阻，否则将导致器件损坏。有时为了使后级电路能获得较高的输出高电平（例如驱动 CMOS 电路），允许输出端通过 R（称为提长升电阻）接至 V_{CC}。一般取 R 为 3 ~ 5.1 kΩ。

除集电极开路输出电路和三态输出电路外，TTL 电路的输出端不允许并联使用，否则，不仅会使电路逻辑混乱，还会导致器件损坏。

5.3.2　CMOS 集成电路使用规则

1．电　源

（1）CMOS 集成电路的电源端 V_{DD} 接电源正极，接地端 V_{SS} 接电源负极（通常接地）。电源绝对不允许反接，否则器件（包括保护电路）会因电流过大而产生永久性的损坏。

（2）对于 CC4000 系列的集成电路，电源电压 V_{DD} 可在 +3 ~ +18 V 范围内选择，但最大不得超过 +18 V，V_{DD} 选择越高，其抗干扰能力越强。实验中一般要求使用 +5 V 的电源，这样便于和 TTL 的电源一致。

（3）工作在不同电源电压下的器件，其输出阻抗、工作速度和功耗等参数也不同，在设计使用中应加以注意。

2．多余输入端的处理

所有 CMOS 集成电路的输入端一律不准悬空，应按逻辑要求接 V_{DD} 或 V_{SS}，以免受干扰造成逻辑混乱，甚至损坏器件。在工作速度不高的电路中，允许输入端并联使用。

3．输入端的连接

输入信号 V_{i} 的电压变化范围应为 $V_{\text{SS}} \leqslant V_{\text{i}} \leqslant V_{\text{DD}}$，如果 V_{i} 超出此范围，可能会使用器件损坏，为防止这种情况出现，可在输入端串接一个限流电阻，阻值在 10 ~ 100 kΩ 的范围内选取。

4．输出端的连接

输出端不允许直接接 V_{DD} 或 V_{SS}，否则将导致器件损坏。除三态（TS）器件外，不允许两个不同芯片器件的输出端并联使用。

5. 芯片间的并联

为了增加驱动能力，允许把同一芯片上的电路并联使用。此时器件的输入端与输出端均对应连接。

6. 注意事项

（1）电路应放在导电的容器内。

（2）在装接电路、改变电路连线或插拔电路器件时，必须切断电源，不可以带电操作。

（3）焊接时必须将板的电源切断；电烙铁外壳必须良好接地，必要时可以拔下烙铁电源，利用烙铁的余热进行焊接。

（4）所有测试仪器外壳必须良好接地。

（5）若信号与电路板使用两组电源供电，开机时，先接通电路板电源，再接通信号源电源；关机时，先断开信号源电源，再断开电路板电源。

5.4 集成器件的外引线排列次序

5.4.1 集成器件的外引线排列次序俯视图

集成器件有双列直插式和扁平式两种封装形式。使用时必须认定器件的正方向。

如图 5.4.1 所示是双列直插式结构器件的俯视图。它是以一个凹口（或一个小圆孔）放在使用者左侧时为正方向（扁平结构的上表面印有器件型号字样，使用者观察字符为正时是正方向）。正方向确定后，器件的左下角为第一外引线。按逆时针方向依次读数。

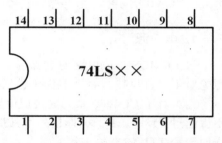

图 5.4.1 双列直插式结构器件的俯视图

5.4.2 常用集成器件的外引线排列图

常用集成器件的外引线排列如表 5.4.1 所示。

表 5.4.1 常用集成器件的外引线排列

名称	图 片	名称	图 片
	逻辑门		逻辑门
74LS00 四 2 输入与非门	74LS00	74LS01 四 2 输入与非门	74LS01

名称	图　片	名称	图　片
	逻辑门		逻辑门

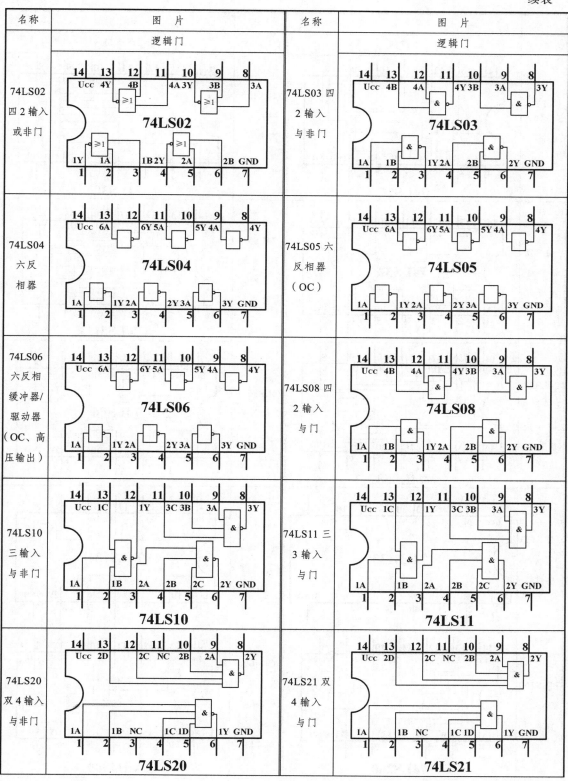

74LS02 四 2 输入或非门　74LS02

74LS03 四 2 输入与非门　74LS03

74LS04 六反相器　74LS04

74LS05 六反相器（OC）　74LS05

74LS06 六反相缓冲器/驱动器（OC、高压输出）　74LS06

74LS08 四 2 输入与门　74LS08

74LS10 三输入与非门　74LS10

74LS11 三 3 输入与门　74LS11

74LS20 双 4 输入与非门　74LS20

74LS21 双 4 输入与门　74LS21

名称	图 片	名称	图 片

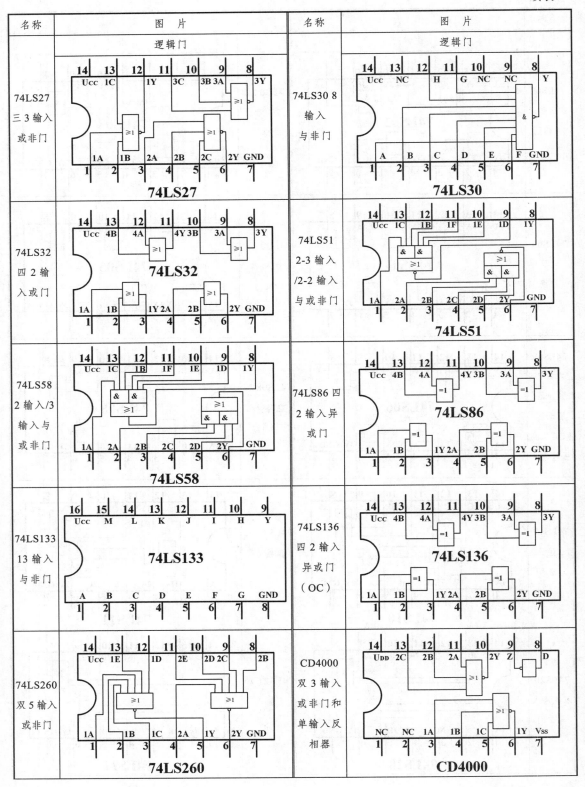

续表

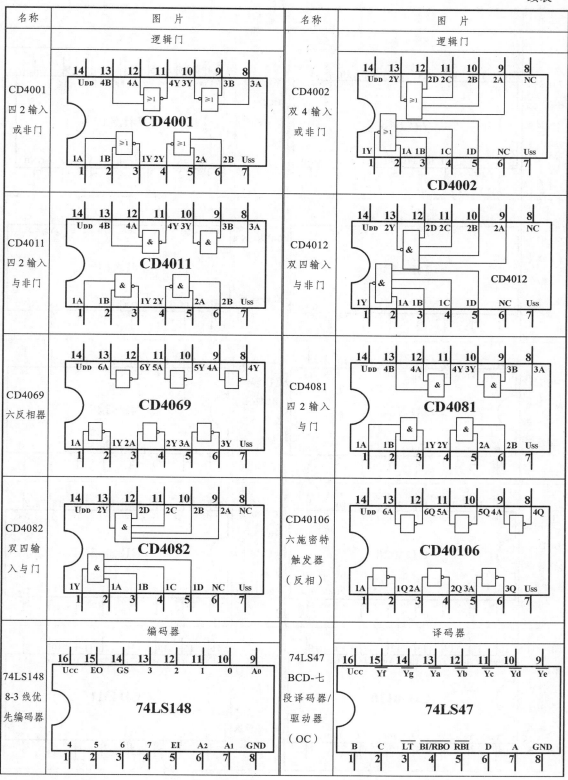

名称	图片	名称	图片
	译码器		译码器

74LS48
BCD-七段译码器/驱动器

16	15	14	13	12	11	10	9
Ucc	Yf	Yg	Ya	Yb	Yc	Yd	Ye

74LS48

B	C	$\overline{LT}$	BI/RBO	RBI	D	A	GND
1	2	3	4	5	6	7	8

74LS49
BCD-七段译码器/驱动器

14	13	12	11	10	9	8
Ucc	Yf	Yg	Ya	Yb	Yc	Yd

74LS49

B	C	$\overline{BI}$	D	A	e	GND
1	2	3	4	5	6	7

74LS138
3-8线译码器/多路转换器

16	15	14	13	12	11	10	9
Ucc	Y0	Y1	Y2	Y3	Y4	Y5	Y6

74LS138

A	B	C	$\overline{G_{2A}}$	$\overline{G_{2B}}$	G1	Y7	GND
1	2	3	4	5	6	7	8

74LS139
双2-4线译码器/多路转换器

16	15	14	13	12	11	10	9
Ucc	$\overline{2G}$	2A	2B	2Y0	2Y1	2Y2	2Y3

74LS139

$\overline{1G}$	1A	1B	1Y0	1Y1	1Y2	1Y3	GND
1	2	3	4	5	6	7	8

74LS247
BCD-七段译码器/驱动器

16	15	14	13	12	11	10	9
Ucc	$\overline{Yf}$	$\overline{Yg}$	$\overline{Ya}$	$\overline{Yb}$	$\overline{Yc}$	$\overline{Yd}$	$\overline{Ye}$

74LS247

B	C	$\overline{LT}$	BI/RBO	RBI	D	A	GND
1	2	3	4	5	6	7	8

74LS248
BCD-七段译码器/驱动器

16	15	14	13	12	11	10	9
VCC	f	g	a	b	c	d	e

74LS248

B	C	$\overline{LT}$	BI/RBO	RBI	D	A	GND
1	2	3	4	5	6	7	8

CD4028
BCD-十进制译码器

16	15	14	13	12	11	10	9
Udd	Q3	Q1	B	C	D	A	Q8

CD4028

Q4	Q2	Q0	Q7	Q9	Q5	Q6	Uss
1	2	3	4	5	6	7	8

CD4055
BCD-七段译码器/液晶显示驱动器

16	15	14	13	12	11	10	9
Udd	Yg	Yf	Ye	Yd	Yc	Yb	Ya

CD4055

FD0	C	B	D	A	FD1	UEE	Uss
1	2	3	4	5	6	7	8

CD40110
十进制可逆计数/锁存/七段译码/驱动器

16	15	14	13	12	11	10	9
Udd	Yb	Yc	Yd	Ye	BO	CO	CPU

CD40110

Ya	Yg	Yf	$\overline{TE}$	RST	LE	CPD	Uss
1	2	3	4	5	6	7	8

CD4511
BCD-锁存/七段译码/驱动器

16	15	14	13	12	11	10	9
Udd	Yf	Yg	Ya	Yb	Yc	Yd	Ye

CD4511

B	C	$\overline{LT}$	$\overline{BI}$	LE	D	A	Uss
1	2	3	4	5	6	7	8

续表

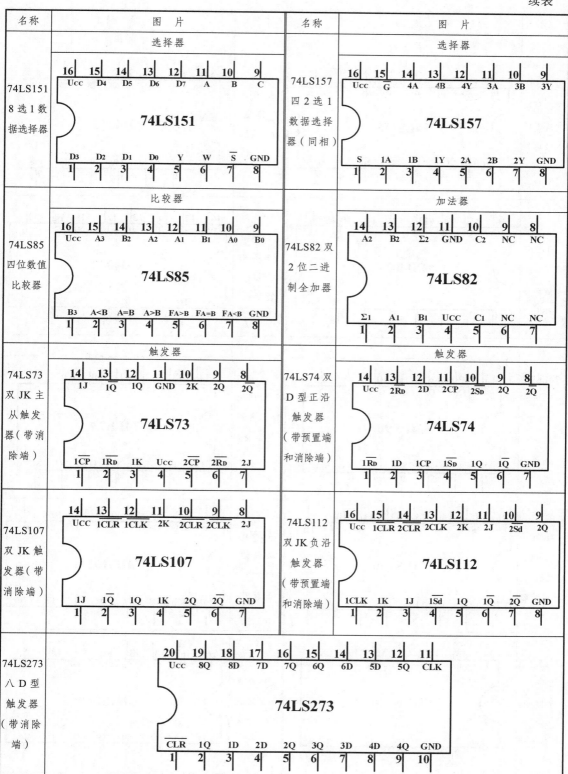

名称	图 片	名称	图 片

名称	图 片	名称	图 片
	触发器		触发器
74LS175 四D型触发器（带消除端）	**74LS175** 16 Ucc, 15 4Q, 14 4Q̄, 13 4D, 12 3D, 11 3Q̄, 10 3Q, 9 CLK 1 C̄L̄R̄, 2 1Q, 3 1Q̄, 4 1D, 5 2D, 6 2Q̄, 7 2Q, 8 GND	CD4013 双D型触发器	**CD4013** 14 UDD, 13 2Q, 12 2Q̄, 11 2CLK, 10 2R, 9 2D, 8 2S 1 1Q, 2 1Q̄, 3 1CLK, 4 1R, 5 1D, 6 1S, 7 Uss
CD4027 双JK主从触发器	**CD4027** 16 UDD, 15 Q1, 14 Q̄1, 13 CLK1, 12 R1, 11 K1, 10 J1, 9 S1 1 Q2, 2 Q̄2, 3 CLK2, 4 R2, 5 K2, 6 J2, 7 S2, 8 Uss	CD4042 带锁存的四D触发器	**CD4042** 16 UDD, 15 4Q, 14 4D, 13 3D, 12 3Q̄, 11 3Q, 10 2Q̄, 9 2Q 1 4Q, 2 1Q, 3 1Q̄, 4 1D, 5 CP, 6 M, 7 2D, 8 Uss
	计数器		计数器
74LS90 二-五-十进制异步计数器	**74LS90** 14 CPA, 13 NC, 12 QA, 11 QD, 10 GND, 9 QB, 8 QC 1 CPB, 2 R0(1), 3 R0(2), 4 NC, 5 Ucc, 6 S9(1), 7 S9(2)	74LS93 4位二进制计数器	**74LS93** 14 CPA, 13 NC, 12 QA, 11 QD, 10 GND, 9 QB, 8 QC 1 CPB, 2 R01, 3 R02, 4 NC, 5 Ucc, 6 NC, 7 NC
74LS160 可预置BCD同步计数器	**74LS160** 16 Ucc, 15 RCO, 14 Q0, 13 Q1, 12 Q2, 11 Q3, 10 ET, 9 L̄D̄ 1 R̄D̄, 2 CP, 3 D0, 4 D1, 5 D2, 6 D3, 7 EP, 8 GND	74LS161 可预置BCD同步计数器	**74LS161** 16 Ucc, 15 RCO, 14 Q0, 13 Q1, 12 Q2, 11 Q3, 10 ET, 9 L̄D̄ 1 R̄D̄, 2 CP, 3 D0, 4 D1, 5 D2, 6 D3, 7 EP, 8 GND
74LS290 二-五-十进制异步计数器	**74LS290** 14 Ucc, 13 R0(2), 12 R0(1), 11 CPB, 10 CPA, 9 Q0, 8 Q3 1 S9(1), 2 NC, 3 S9(2), 4 Q2, 5 Q1, 6 NC, 7 GND	CD4017 十进制计数/分频器	**CD4017** 16 UDD, 15 CLR, 14 CLK, 13 C̄Ē, 12 COUT, 11 Q9, 10 Q4, 9 Q8 1 Q5, 2 Q1, 3 Q0, 4 Q2, 5 Q6, 6 Q7, 7 Q3, 8 Uss

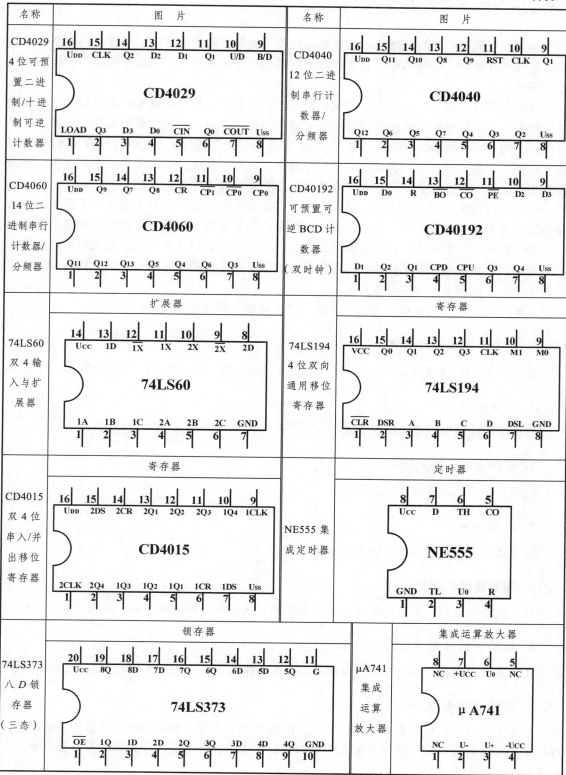

名称	图片	名称	图片
CD4029 4 位可预置二进制/十进制可逆计数器	**CD4029** 16 U_{DD} 15 CLK 14 Q2 13 D2 12 D1 11 Q1 10 U/D 9 B/D 1 LOAD 2 Q3 3 D3 4 D0 5 $\overline{CIN}$ 6 Q0 7 $\overline{COUT}$ 8 U_{SS}	CD4040 12 位二进制串行计数器/分频器	**CD4040** 16 U_{DD} 15 Q11 14 Q10 13 Q8 12 Q9 11 RST 10 CLK 9 Q1 1 Q12 2 Q6 3 Q5 4 Q7 5 Q4 6 Q3 7 Q2 8 U_{SS}
CD4060 14 位二进制串行计数器/分频器	**CD4060** 16 U_{DD} 15 Q9 14 Q7 13 Q8 12 CR 11 $\overline{CP1}$ 10 CP0 9 CP0 1 Q11 2 Q12 3 Q13 4 Q5 5 Q4 6 Q6 7 Q3 8 U_{SS}	CD40192 可预置可逆 BCD 计数器（双时钟）	**CD40192** 16 U_{DD} 15 D0 14 R 13 BO 12 CO 11 PE 10 D2 9 D3 1 D1 2 Q2 3 Q1 4 CPD 5 CPU 6 Q3 7 Q4 8 U_{SS}
74LS60 双 4 输入与扩展器	扩展器 **74LS60** 14 U_{CC} 13 1D 12 $\overline{1X}$ 11 1X 10 2X 9 $\overline{2X}$ 8 2D 1 1A 2 1B 3 1C 4 2A 5 2B 6 2C 7 GND	74LS194 4 位双向通用移位寄存器	寄存器 **74LS194** 16 VCC 15 Q0 14 Q1 13 Q2 12 Q3 11 CLK 10 M1 9 M0 1 $\overline{CLR}$ 2 DSR 3 A 4 B 5 C 6 D 7 DSL 8 GND
CD4015 双 4 位串入/并出移位寄存器	寄存器 **CD4015** 16 U_{DD} 15 2DS 14 2CR 13 2Q1 12 2Q2 11 2Q3 10 1Q4 9 1CLK 1 2CLK 2 2Q4 3 1Q3 4 1Q2 5 1Q1 6 1CR 7 1DS 8 U_{SS}	NE555 集成定时器	定时器 **NE555** 8 U_{CC} 7 D 6 TH 5 CO 1 GND 2 TL 3 U0 4 R
74LS373 八 D 锁存器（三态）	锁存器 **74LS373** 20 U_{CC} 19 8Q 18 8D 17 7D 16 7Q 15 6Q 14 6D 13 5D 12 5Q 11 G 1 $\overline{OE}$ 2 1Q 3 1D 4 2D 5 2Q 6 3Q 7 3D 8 4D 9 4Q 10 GND	μA741 集成运算放大器	集成运算放大器 **μA741** 8 NC 7 +UCC 6 U0 5 NC 1 NC 2 U- 3 U+ 4 -UCC

5.5　常见故障的排除方法

在实验与实训中，当电路达不到预期的逻辑功能时，就称为故障。通常有四种类型的故障：电路设计错误；布线错误；集成器件使用不当或功能不正常；实验箱仪器、导线或插座等不正常。

对于做实验，要求完全不出故障是比较困难的。然而，只要做到实验前充分准备；实验时操作细心，将故障减少到最低限度则是可能的。另一方面，即使实验中出现了故障，只要掌握并利用数字电路是一个二元系统（只有"0"和"1"两种状态）以及具有"逻辑判断"能力这两个最基本的特点，实验故障是不难排除的。对于实验故障，从另一个角度看，正因为有实验故障的存在，实验过程才更有意义，工程实践能力才能得到提高。

对验证性实验，由于其内容、实验电路大多是预先指定的，相对于设计性实验来说，实验者的主观能动性体现不多。因而，要求实验者在做实验前，必须弄清验证性实验所要验证的现象或理论、实验电路等；对实验结果、实验中可能出现的种种现象，预先做出分析和估计。否则，对实验结果似是而非，甚至实验做完了，还不清楚自己做的是什么内容和为什么要做实验，更谈不上什么实验收获了。

下面介绍实验故障检查的方法（前提条件：实验电路设计正确）。

1．正确使用集成元器件

使用前应使其引脚间距适当；集成元器件的正方向一致。均匀用力按下，专用拔钳工具拔出。

2．检查电源

测量电源输出电压是否符合要求。

3．器件上电压的测试

检查各集成元器件是否已加上电源。

4．线路检查

检查是否有不允许的悬空输入端未接入电路。

5．实验线路的连接过程

对于较复杂电路，可以分步接线，经测量验证无误后，再继续接线。

6．实验线路的布线方法

正确合理地布线，布线的顺序通常是先接地线和电源线，再接输入线、输出线和控制线。

7．接地、接电源

如果无论输入信号怎样变化，输出一直保持高电平不变，则可能集成元器件没有接地，或接地不良；若输出信号保持与输入信号同样规律变化，则可能集成元器件没有接电源。

8. 组合逻辑电路

对于有多个"与"输入端器件，如果实际使用时有输入端多余，在检查故障时，可以调换另外的输入端试用。实验中使用器件替换法也是一种有效的检查故障的方法，可以排除器件功能不正常引起的电路故障。

9. 逐级跟踪

按信号流程依次逐级向后检查，也可以从故障输出端向输入方向逐级向前检查，直至找到故障点为止。

10. 反馈电路的检查

对于含有反馈线的闭合电路，应设法断开反馈线进行检查，必要时对断开的电路进行状态预置后，再进行检查。

11. TTL 电路

TTL 电路工作时产生的电源尖峰电流，可能会通过电源耦合破坏电路正常工作，应采取必要的去耦措施。

12. 频率较高时的故障检查

当电路工作在较高频率时，应从下列方面采取措施：

（1）减小电源内阻，加粗电源线与地线直径，扩大地线面积或采用接地板，将电源线与地线夹在相邻的输入与输出信号线之间起屏蔽作用。

（2）逻辑线尽量不要紧靠时钟脉冲线。

（3）缩短引线长度。

（4）驱动多路同步电路的时钟脉冲信号，要求各路信号的延时时间尽可能接近。

13. CMOS 电路

注意预防 CMOS 电路的锁定效应。

（1）注意电源去耦，加粗地线来减小地线电阻。

（2）在不影响电路工作的情况下尽量降低直流电源值。

（3）在不影响电路工作速度的条件下，使电源允许提供的电流小于锁定电流（一般器件的锁定电流在 40 mA 左右）。

（4）对输入信号进行钳位。

14. 实验结束时的操作

进行所有电路实验，先分步接好线路检查无误后，方可接通电源进行实验。实验结束后，必须先关电源后拆除电路。

5.6 EE2010 电子综合实践装置使用说明

5.6.1 概 述

电子综合实践装置主要用于实施模拟电子技术、数字电子技术及与电子技术综合应用内容相关的实验项目，包括模拟电子器件的伏安特性、放大特性、传输特性和模拟电子电路的应用功能；数字集成器件的逻辑功能和逻辑电路的分析与设计；数电、模电的综合分析、设计与应用等。通过 EE2010 电子综合实践装置平台，能很好地进行电子技术实验教学实施，灵活地组合实验项目，实现层次化、模块化、专业化等多元化的电子技术实验教学，提高学生的实验技能和工程实践能力，为学习后续课程以及从事电子工程技术工作奠定基础。

本装置如图 5.6.1 所示，其性能稳定，安全性强，操作便利。

EE2010 实验箱总体按功能及使用分块布局，上部为数码管、LED 显示；中间为实验电路构建区；下部为实验电源及信号源。

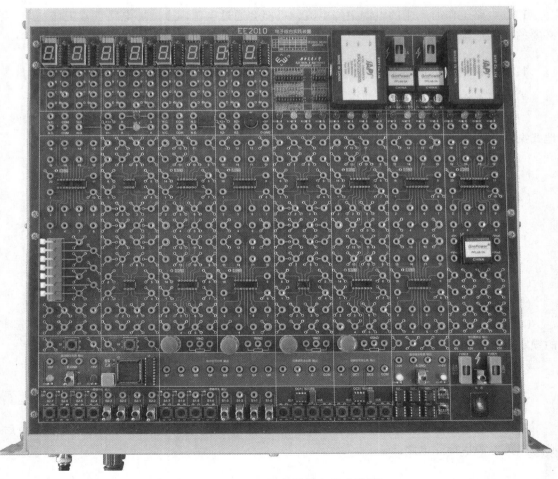

图 5.6.1 EE2010 电子综合实践装置

5.6.2 功能模块简介

下面针对图 5.6.1 所示的 EE2010 电子综合实践装置，分功能模块进行简单介绍。

1. BCD 七段显示译码器模块

BCD 七段显示译码器模块如图 5.6.2 所示。

1）七段数码管

每个七段数码管上方有一个"红色跳线"端，当"红色跳线"端向上时，可配置连接共阳极数码管；当"红色跳线"端向下时，可配置连接共阴极数码管。

2）BCD 七段显示译码器的驱动信号输入

当七段数码管单独使用时（如图 5.6.2 中的左上角模块所示），a、b、c、d、e、f、g 为对应的输入端，d、p 为小数点输入；当七段数码管与 BCD 码七段译码器相接时（如图 5.6.2 中的右上角模块所示），BCD 码从译码器对应的 ABCD 端输入。

3）数码管的电源输入

使用数码管时，需要将 5 V 电源连接至数码管电源输入。

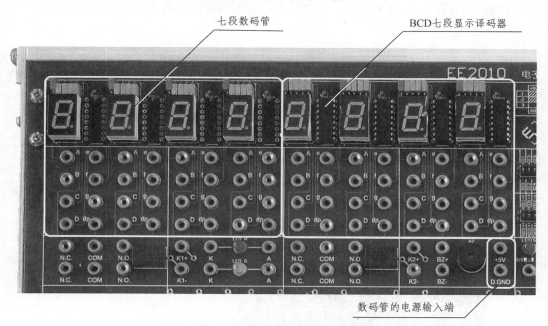

图 5.6.2 BCD 七段显示译码器模块图

2. 器件模块

器件模块如图 5.6.3 所示。电子综合实践装置上提供了小型继电器两个、LED 和蜂鸣器一个。

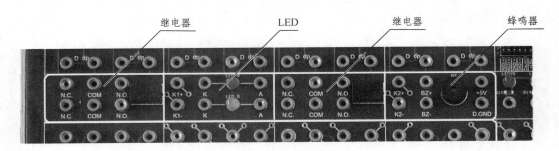

图 5.6.3　器件模块

3．器件的三种连接方式

器件的三种连接方式如图 5.6.4（a）所示。

1）接线端子

"接线端子"又称为"端子排"。"接线端子"可实现线路的快速连接，起到信号（电压、电流）传输的作用，使用端子排接线美观，维护和施工方便。

2）开　关

电子综合实践装置上提供了两个按钮开关，其电路原理如图 5.6.4（b）所示。

3）DIP 插座

如图 5.6.4（a）所示的 DIP 插座，电子综合实践装置上提供了 4 个 4 管脚 DIP 插座、4 个 14 管脚 DIP 插座、4 个 16 管脚 DIP 插座、2 个 20 管脚 DIP 插座，如图 5.6.1 所示。

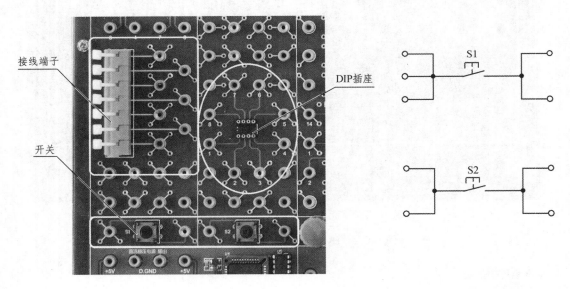

（a）器件的三种连接方式　　　　　　　（b）按钮开关的电路原理图

图 5.6.4　器件的连接方式图

4．各种信号源

如图 5.6.5 所示，信号源有三个模块：直流电压电源、逻辑开关和脉冲信号源。

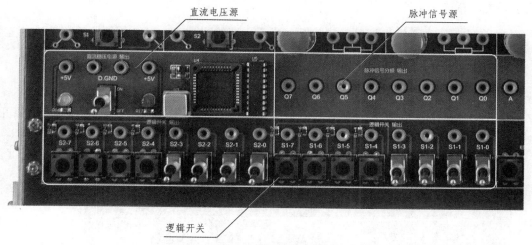

图 5.6.5　各种信号源电路图

1）直流稳压电源

本模块主要由直流 5 V 电压输出端、电压信号指示灯和电源开关组成。注意：两个电压电源的"负"端为共地端。

2）逻辑开关

图 5.6.5 中有两组逻辑开关，每组逻辑开关又分 4 位"按键式逻辑开关"和 4 位"钮子式逻辑开关"两种，如图 5.6.6 所示。

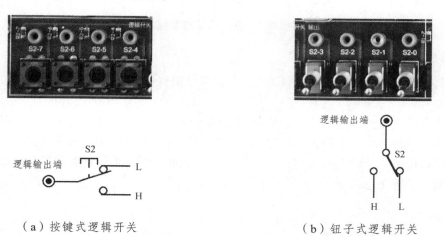

（a）按键式逻辑开关　　　　　　　（b）钮子式逻辑开关

图 5.6.6　逻辑开关电路原理图

（1）按键式逻辑开关的逻辑关系：当按下按键式逻辑开关时，对应的输出端为高电平，不操作按键式逻辑开关时，对应的输出端为低电平。

（2）钮子式逻辑开关的逻辑关系：当将钮子式逻辑开关往上扳时，对应的输出端为高电平；当将钮子式逻辑开关往下扳时，对应的输出端为低电平。

3）脉冲信号源

脉冲信号源的 8 个输出端的频率为分频关系，即输出端 Q0 ~ Q7 相邻位输出频率相差 10 倍，其中，Q0 频率最低，Q7 频率最高。

5. 交、直流电源

在如图 5.6.7 所示模块中，有函数信号发生器、直流稳压电源、变压器次边和电源开关等 4 个功能模块。

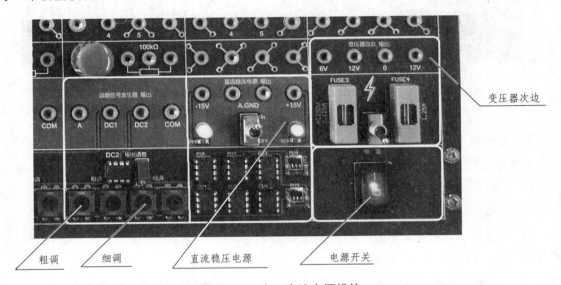

图 5.6.7　交、直流电源模块

1）函数信号发生器

装置上标示的"函数信号发生器"是一个双路可调直流电压源，即输出的直流电压可调，调节范围为 - 5 ~ + 5 V。

函数信号发生器是一个具有双路输出端（即 DC1、DC2 为正极端，COM 为共地端）的直流电压源，其输出电压值的大小，可通过"粗调"和"细调"按钮来实现调节。一般操作时，先用粗调按钮调节输出直流电压值（粗调步进 300 mV），再用细调按钮微调输出的直流电压值（细调步进 10 mV）。

2）直流稳压电压源

电压源输出的直流电压值为 + 15 V、 - 15 V 两种恒定直流电压值。

3）变压器次边

变压器次边有三个频率为 50 Hz 的交流电压输出端，即交流电压输出端 6 V、12 V、12 V，0 V 为共地端。

4）电源开关

电源开关为实验箱的总开关。

6. 直流电源模块

如图 5.6.8 所示的直流电源模块是直流稳压 5 V 电源（见图 5.6.5）和 ±15 V 稳压电源（见图 5.6.7）的产生电路模块，模块中有输出短路保护部分。

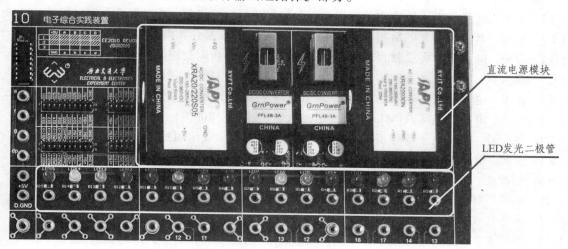

图 5.6.8　直流电源模块和 LED 发光二极管电路图

注意：由于实验箱脉冲信号源 CPLD 无静电保护功能，学生在连线、检查线路、拆线过程中请勿带电操作。

7. LED 发光二极管

如图 5.6.8 所示电路中的 4 组 16 位发光二极管，全部为共阴极连接，实验箱内部已经将 LED 阴极连接至 D.GND 端。

参考文献

[1]　王英. 电路与电子技术实验实训教程（少学时）[M]. 成都：西南交通大学出版社，2018.

[2]　王英. 电子技术基础简明教程（电工学 II）[M]. 成都：西南交通大学出版社，2018.

[3]　王英. 电子技术实验教程（电工学 II）[M].成都：西南交通大学出版社，2015.

[4]　陈大钦. 电子技术基础实验[M]. 北京：高等教育出版社，2002.

[5]　路勇. 电子电路实验及仿真[M]. 北京：清华大学出版社，北京交通大学出版社，2004.

[6]　王尧. 电子线路实践[M]. 南京：东南大学出版社，2000.

[7]　吕念玲. 电工电子基础工程实践[M]. 北京：机械工业出版社，2008.

[8]　王英. 电子综合性实习教程[M]. 成都：西南交通大学出版社，2008.

[9]　杨帮文. 新型集成器件实用电路[M]. 北京：电子工业出版社，2002.

[10]　王萍，林孔元. 电工学实验教程[M]. 北京：高等教育出版社，2008.

[11]　康华光 电子技术基础[M]. 北京：高等教育出版社，2008.

[12]　唐庆玉. 电工技术与电子技术实验指导[M]. 北京：清华大学出版社，2004.